国家出版基金项目
NATIONAL PUBLICATION FOUNDATION

新兴产业和高新技术现状与前景研究丛书

总主编 金 碚 李京文

环保产业
现状与发展前景

张其仔 张拴虎 于远光 编著

HUANBAO CHANYE
XIANZHUANG YU FAZHAN QIANJING

SPM
南方出版传媒
广东经济出版社
·广州·

图书在版编目（CIP）数据

环保产业现状与发展前景／张其仔，张拴虎，于远光编著.
—广州：广东经济出版社，2015.5
（新兴产业和高新技术现状与前景研究丛书）
ISBN 978－7－5454－4006－5

Ⅰ.①环… Ⅱ.①张… ②张… ③于… Ⅲ.①环保产业－产业发
展－研究－中国 Ⅳ.①X324.2

中国版本图书馆 CIP 数据核字（2015）第 113598 号

出版发行	广东经济出版社（广州市环市东路水荫路 11 号 11～12 楼）
经销	全国新华书店
印刷	中山市国彩印刷有限公司 （中山市坦洲镇彩虹路 3 号第一层）
开本	730 毫米×1020 毫米　1/16
印张	12.75
字数	215 000 字
版次	2015 年 5 月第 1 版
印次	2015 年 5 月第 1 次
书号	ISBN 978－7－5454－4006－5
定价	28.00 元

如发现印装质量问题，影响阅读，请与承印厂联系调换。
发行部地址：广州市环市东路水荫路 11 号 11 楼
电话：(020) 38306055　37601950　邮政编码：510075
邮购地址：广州市环市东路水荫路 11 号 11 楼
电话：(020) 37601980　邮政编码：510075
营销网址：http://www·gebook.com
广东经济出版社常年法律顾问：何剑桥律师

"新兴产业和高新技术现状与前景研究" 丛书编委会

原　磊　中国社会科学院工业经济研究所工业运行
　　　　研究室主任、副研究员

陈　志　中国科学技术发展战略研究院副研究员

史岸冰　华中科技大学基础医学院教授

吴伟萍　广东省社会科学院产业经济研究所副所长、
　　　　研究员

燕雨林　广东省社会科学院产业经济研究所研究员

张栓虎　广东省社会科学院产业经济研究所副研究员

邓江年　广东省社会科学院产业经济研究所副研究员

杨　娟　广东省社会科学院产业经济研究所副研究员

柴国荣　兰州大学管理学院教授

梅　霆　西北工业大学理学院教授

刘贵杰　中国海洋大学工程学院机电工程系主任、教授

杨　光　北京航空航天大学机械工程及自动化学院
　　　　工业设计系副教授

迟远英　北京工业大学经济与管理学院教授

王　江　北京工业大学经济与管理学院副教授

张大坤　天津工业大学计算机科学系教授

朱郑州　北京大学软件与微电子学院副教授

杨　军　西北民族大学现代教育技术学院副教授

赵肃清　广东工业大学轻工化工学院教授

袁清珂　广东工业大学机电工程学院副院长、教授

黄　金　广东工业大学材料与能源学院副院长、教授

莫松平　广东工业大学材料与能源学院副教授

王长宏　广东工业大学材料与能源学院副教授

总　序

　　人类数百万年的进化过程，主要依赖于自然条件和自然物质，直到五六千年之前，由人类所创造的物质产品和物质财富都非常有限。即使进入近数千年的"文明史"阶段，由于除了采掘和狩猎之外人类尚缺少创造物质产品和物质财富的手段，后来即使产生了以种植和驯养为主要方式的农业生产活动，但由于缺乏有效的技术手段，人类基本上没有将"无用"物质转变为"有用"物质的能力，而只能向自然界获取天然的对人类"有用"之物来维持低水平的生存。而在缺乏科学技术的条件下，自然界中对于人类"有用"的物质是非常稀少的。因此，据史学家们估算，直到人类进入工业化时代之前，几千年来全球年人均经济增长率最多只有 0.05%。只有到了 18 世纪从英国开始发生的工业革命，人类发展才如同插上了翅膀。此后，全球的人均产出（收入）增长率比工业化之前高 10 多倍，其中进入工业化进程的国家和地区，经济增长和人均收入增长速度数十倍于工业化之前的数千年。人类今天所拥有的除自然物质之外的物质财富几乎都是在这 200 多年的时期中创造的。这一时期的最大特点就是：以持续不断的技术创新和技术革命，尤其是数十年至近百年发生一次的"产业革命"的方式推动经济社会的发展。① 新产业和新技术层出不穷，人类发展获得了强大的创造能力。

---

　　① 产业革命也称工业革命，一般认为 18 世纪中叶（70 年代）在英国产生了第一次工业革命，逐步扩散到西欧其他国家，其技术代表是蒸汽机的运用。此后对世界所发生的工业革命的分期有多种观点。一般认为，19 世纪中叶在欧美等国发生第二次工业革命，其技术代表是内燃机和电力的广泛运用。第二次世界大战结束后的 20 世纪 50 年代，发生了第三次工业革命，其技术代表是核技术、计算机、电子信息技术的广泛运用。21 世纪以来，世界正在发生又一次新工业革命（也有人称之为"第三次工业革命"，而将上述第二、第三次工业革命归之为第二次工业革命），其技术代表是新能源和互联网的广泛运用。也有人提出，世界正在发生的新工业革命将以制造业的智能化尤其是机器人和生命科学为代表。

当前，世界又一次处于新兴产业崛起和新技术将发生突破性变革的历史时期，国外称之为"新工业革命"或"第三次工业革命""第四次工业革命"，而中国称之为"新型工业化""产业转型升级"或者"发展方式转变"。其基本含义都是：在新的科学发现和技术发明的基础上，一批新兴产业的出现和新技术的广泛运用，根本性地改变着整个社会的面貌，改变着人类的生活方式。正如美国作者彼得·戴曼迪斯和史蒂芬·科特勒所说："人类正在进入一个急剧的转折期，从现在开始，科学技术将会极大地提高生活在这个星球上的每个男人、女人与儿童的基本生活水平。在一代人的时间里，我们将有能力为普通民众提供各种各样的商品和服务，在过去只能提供给极少数富人享用的那些商品和服务，任何一个需要得到它们、渴望得到它们的人，都将能够享用它们。让每个人都生活在富足当中，这个目标实际上几乎已经触手可及了。""划时代的技术进步，如计算机系统、网络与传感器、人工智能、机器人技术、生物技术、生物信息学、3D打印技术、纳米技术、人机对接技术、生物医学工程，使生活于今天的绝大多数人能够体验和享受过去只有富人才有机会拥有的生活。"[①]

在世界新产业革命的大背景下，中国也正处于产业发展演化过程中的转折和突变时期。反过来说，必须进行产业转型或"新产业革命"才能适应新的形势和环境，实现绿色化、精致化、高端化、信息化和服务化的产业转型升级任务。这不仅需要大力培育和发展新兴产业，更要实现高新技术在包括传统产业在内的各类产业中的普遍运用。

我们也要清醒地认识到，20世纪80年代以来，中国经济取得了令世界震惊的巨大成就，但是并没有改变仍然属于发展中国家的现实。发展新兴产业和实现产业技术的更大提升并非轻而易举的事情，不可能一蹴而就，而必须拥有长期艰苦努力的决心和意志。中国社会科学院工业经济研究所的一项研究表明：中国工业的主体部分仍处于国际竞争力较弱的水平。这项研究把中国工业制成品按技术含量低、中、高的次序排列，发现国际竞争力大致呈U形分布，即两头相对较高，而在统计上分类为"中技术"的行业，例如化工、材料、机械、电子、精密仪器、交通设备等，国际竞争力显著较低，而这类产业恰恰是工业的主体和决定工业技术整体素质的关键基础部门。如果这类产业竞争力不

① 【美】彼得·戴曼迪斯，史蒂芬·科特勒. 富足：改变人类未来的4大力量. 杭州：浙江大学出版社，2014.

强，技术水平较低，那么"低技术"和"高技术"产业就缺乏坚实的基础。即使从发达国家引入高技术产业的某些环节，也是浅层性和"漂浮性"的，难以长久扎根，而且会在技术上长期受制于人。

中国社会科学院工业经济研究所专家的另一项研究还表明：中国工业的大多数行业均没有站上世界产业技术制高点。而且，要达到这样的制高点，中国工业还有很长的路要走。即使是一些国际竞争力较强、性价比较高、市场占有率很大的中国产品，其核心元器件、控制技术、关键材料等均须依赖国外。从总体上看，中国工业品的精致化、尖端化、可靠性、稳定性等技术性能同国际先进水平仍有较大差距。有些工业品在发达国家已属"传统产业"，而对于中国来说还是需要大力发展的"新兴产业"，许多重要产品同先进工业国家还有几十年的技术差距，例如数控机床、高端设备、化工材料、飞机制造、造船等，中国尽管已形成相当大的生产规模，而且时有重大技术进步，但是，离世界的产业技术制高点还有非常大的距离。

产业技术进步不仅仅是科技能力和投入资源的问题，攀登产业技术制高点需要专注、耐心、执着、踏实的工业精神，这样的工业精神不是一朝一夕可以形成的。目前，中国企业普遍缺乏攀登产业技术制高点的耐心和意志，往往是急于"做大"和追求短期利益。许多制造业企业过早走向投资化方向，稍有成就的企业家都转而成为赚快钱的"投资家"，大多进入地产业或将"圈地"作为经营策略，一些企业股票上市后企业家急于兑现股份，无意在实业上长期坚持做到极致。在这样的心态下，中国产业综合素质的提高和形成自主技术创新的能力必然面临很大的障碍。这也正是中国产业综合素质不高的突出表现之一。我们不得不承认，中国大多数地区都还没有形成深厚的现代工业文明的社会文化基础，产业技术的进步缺乏持续的支撑力量和社会环境，中国离发达工业国的标准还有相当大的差距。因此，培育新兴产业、发展先进技术是摆在中国产业界以至整个国家面前的艰巨任务，可以说这是一个世纪性的挑战。如果不能真正夯实实体经济的坚实基础，不能实现新技术的产业化和产业的高技术化，不能让追求技术制高点的实业精神融入产业文化和企业愿景，中国就难以成为真正强大的国家。

实体产业是科技进步的物质实现形式，产业技术和产业组织形态随着科技进步而不断演化。从手工生产，到机械化、自动化，现在正向信息化和智能化方向发展。产业组织形态则在从集中控制、科层分权，向分布式、网络化和去中心化方向发展。产业发展的历史体现为以蒸汽机为标志的第一次工业革命、以电力和自动化为标志的第二次工业革命，到以计算机和互联网为标志的第三次工业革命，再到以人工智能和生命科学为标志的新工业革命（也有人称之为"第四次工业革命"）的不断演进。产业发展是人类知识进步并成功运用于生产性创造的过程。因此，新兴产业的发展实质上是新的科学发现和技术发明以及新科技知识的学习、传播和广泛普及的过程。了解和学习新兴产业和高新技术的知识，不仅是产业界的事情，而且是整个国家全体人民的事情，因为，新产业和新技术正在并将进一步深刻地影响每个人的工作、生活和社会交往。因此，编写和出版一套关于新兴产业和新产业技术的知识性丛书是一件非常有意义的工作。正因为这样，我们的这套丛书被列入了 2014 年的国家出版工程。

我们希望，这套丛书能够有助于读者了解和关注新兴产业发展和高新产业技术进步的现状和前景。当然，新兴产业是正在成长中的产业，其未来发展的技术路线具有很大的不确定性，关于新兴产业的新技术知识也必然具有不完备性，所以，本套丛书所提供的不可能是成熟的知识体系，而只能是形成中的知识体系，更确切地说是有待进一步检验的知识体系，反映了在新产业和新技术的探索上现阶段所能达到的认识水平。特别是，丛书的作者大多数不是技术专家，而是产业经济的观察者和研究者，他们对于专业技术知识的把握和表述未必严谨和准确。我们希望给读者以一定的启发和激励，无论是"砖"还是"玉"，都可以裨益于广大读者。如果我们所编写的这套丛书能够引起更多年轻人对发展新兴产业和新技术的兴趣，进而立志投身于中国的实业发展和推动产业革命，那更是超出我们期望的幸事了！

金 碚

2014 年 10 月 1 日

目 录

第一章　环保产业基础知识

一、环境相关概念

20 世纪 50 年代以来，随着全球人口数量急剧增加及工业的大规模发展，环境污染问题进一步凸显，水体、大气、土壤的污染恶化了人类整体生存环境，导致生态破坏严重，生态系统严重失调，震惊世界的公害事件频频发生，自然环境正受到大规模破坏。鉴于环境污染问题日趋严重，调整经济增长和发展方式，在生产中增加控制污染的环节、进行环境污染治理越来越成为经济和社会发展的一项重要内容，环境保护以及与环境保护相关的社会需求开始出现，环保产业应运而生，并逐步发展和繁荣。

1. 环境与环境问题

广义的环境是指影响人类生存和发展的各种自然因素和社会因素的综合，是相对于主体而言的客体。《中华人民共和国环境保护法》中的环境是指"影响人类生存和发展的各种天然的和经过人工改造的自然因素的总和，包括大气、水、海洋、土地、矿藏、森林、草原、野生生物、自然遗迹、人文遗迹、自然保护区、风景名胜区、城市和乡村等"。按环境的属性，可将环境分为自然环境、人工环境和社会环境。自然环境，是指未经过人的加工改造而天然存在的环境。按环境要素，又可细分为大气环境、水环境、土壤环境、地质环境和生物环境等，即地球的五大圈——大气圈、水圈、土圈、岩石圈和生物圈。人工环境则是指在自然环境的基础上经过人的加工改造所形成的环境，或人为创造的环境。环保产业的直接作用对象即是与人类生活息息相关的没有经过人工改造的自然环境和经过人工改造的自然因素的总和，也就是《中华人民共和国环境保护法》中所指的环境。

环境问题是指构成环境的因素遭到损害，环境质量发生不利于人类生存和发展甚至给人类造成灾害的变化，即指现实状态与期望状态的差距。就环境自身而言，环境在其长期的演化过程中，具有一定的自我调节能力，但这种能力是有限的，这种限度称为"环境阈值"，一旦人类的活动超过了环境阈值就会导致环境问题，导致环境质量恶化，产生环境危机。相对于人类生存与发展而言，环境问题则是指对人类的生活质量造成不利影响的环境因素的变化，此时，人类的活动尽管还没有超过环境阈值，但也被定义为产生了环境问题。

从环境变化对人类生存与发展造成影响的角度定义环境问题，其具体的判别仍存在两种不同的标准，既弱可持续性标准和强可持续性标准。弱可持续性标准认为，人类所创造的经济资本与自然资本是可以相互替代的，因此，只要全社会的资本总量增长，即便自然资本存量下降，也不视为出现了环境问题。强可持续性标准则假定，经济资本和自然资本不可替代，只要自然资本存量下降，无论经济资本如何增长，都被视为出现了环境问题。

 延伸阅读

环境问题的特点

①环境状态改变具有不可逆性。很多环境的破坏从经济角度来看是永久性的破坏。如，我国黄河流域由于不合理地开发利用环境资源造成断流。

②环境危害具有长期性。环境从发生变化到导致环境污染、恶化需要 10 ~ 20 年甚至更长的时间才能显现。正因为环境问题具有很长的潜伏期，当代环境破坏造成的影响可能在下一代人身上体现，因此，现在国际舆论提倡可持续发展，实现代际公平。

③环境资源具有有限性。地球的自然资源和环境的承载力是一定的，在人口急剧增长、生产飞速发展、对环境资源需求不断增长的同时，环境资源的有限性越来越明显。

④环境要素具有整体性。大气环境、水环境、土地环境、生物环境都是各种自然因素和多种社会经济因素共同作用的结果，各要素之间相互影响、相互制约、相互转移。

⑤环境问题具有不确定性。水资源污染、大气污染往往不是一时一事造成的，由于环境要素具有整体性，导致引起环境污染的因素复杂多样。污染造成

的危害和损失，大多数是间接的潜在的，这就造成了环境问题的不确定性。

2. 环境问题的分类

环境问题可以分为原生环境问题（第一环境问题）和次生环境问题（第二环境问题）。原生环境问题是指由于自然力作用引起的生态环境问题，如火山爆发、地震、海啸等。次生环境问题是指由于人类活动作用于周围的生态环境引起的生态环境的恶化。[①]

从形成原因和过程来看，次生环境问题又可分为两类：一类是因资源的不合理开发和利用而对自然生态环境造成破坏及由此产生的各种生态效应，即生态破坏问题；另一类是指人类在生产和生活活动中，由于有害物质进入生态系统的数量超过了生态系统本身的自净能力，造成环境质量下降或环境状况恶化，使生态平衡及人们正常的生活条件遭到破坏，即环境污染问题。次生环境问题大多由人们的生产和生活方式引起，因此 20 世纪 70 年代以来，随着经济、社会的发展，次生环境问题引起全球性的广泛关注。

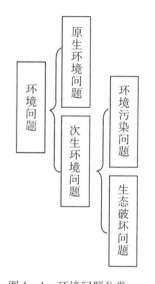

二、环保活动及其分类

图 1 - 1　环境问题分类

环境保护活动就是以保护环境为目的开展的活动。为了完善我国环境统计工作，2012 年 5 月国家统计局专门制定了环境保护活动分类标准。这一分类标准，是一个通用的环境保护功能分类，它不仅可用作环境保护活动分类，还可用于相关产品分类。可以按保护对象（大气、水等）和措施（预防、治理）类型，将活动归入相应的环境领域。

这次分类，将环境保护活动划分为三层：

第一层根据环境领域的特点，将环境保护活动分为 8 个大类，主要包括：水环境保护；大气环境保护；固体废物防治；噪声和振动防治；辐射污染防治；土壤保护；生物多样性和自然景观保护与其他环境保护活动 8 大类。前 7 类分别对应 7 个环境领域（水、大气、固体废物、噪声和振动、辐射、土壤、生物多样性和自然景观），最后 1 类（其他环境保护活动）除归集研发活动和

---

① 杨文生：《环保产业发展研究》，华中农业大学，2005 年。

各种一般性环境管理活动外，还用于归集那些无法确定具体服务领域但又与环境保护有关的活动。上述大类分别用阿拉伯数字 1、2、3…表示。

第二层和第三层根据管理需要，并依照《国民经济行业分类》和《统计用产品分类目录》，将环境保护活动大类划分为中类和小类，分别用阿拉伯数字 1.1、1.2…和 1.1.1、1.1.2…表示。

表 1-1　环境保护活动分类表

类别名称	国民经济行业代码
1. 水环境保护	
1.1　污水与废水防治	
1.1.1　排水管网建设与管理	7810
1.1.2　污水与废水处理	4620 *
1.2　地表水体和地下水体污染防治	7721
1.3　海水污染防治	7430
1.4　水环境监测	7461
1.5　其他水环境保护活动	7721、7430
2. 大气环境保护	
2.1　大气污染防治	7722
2.2　大气环境监测	7410、7461
2.3　其他大气环境保护活动	7722
3. 固体废物防治	
3.1　非危险固体废物处理和处置	7723、7820
3.2　危险固体废物处理和处置	7724 *
3.3　固体废物监测	7461
3.4　其他固体废物污染防治活动	7723
4. 噪声和振动防治	
4.1　噪声和振动源治理	7729
4.2　防噪声和振动设施建设	4890、4990
4.3　噪声和振动监测	7461

（续表）

类别名称	国民经济行业代码
4.4　其他噪声和振动防治活动	7729
5.　辐射污染防治	
5.1　辐射防护	4890、4990
5.2　放射性废物处理和处置	7725
5.3　辐射监测	7461
5.4　其他辐射污染防治活动	7725
6.　土壤保护	
6.1　土壤侵蚀及其他物理退化防治	0220、7690
6.2　土壤盐碱化防治	0512、0519
6.3　土壤污染防治	0519、7729
6.4　土壤监测	7461、7462
6.5　其他土壤保护活动	0519、7690
7.　生物多样性和自然景观保护	
7.1　自然保护区管理	7711 *
7.2　野生动植物保护	7712 *、7713 *
7.3　生物多样性和自然景观监测	7462
7.4　其他生物多样性和自然景观保护活动	7719 *
8.　其他环境保护活动	
8.1　环境保护研发	7310、7320
8.2　一般环境管理	7239、7450、7461、7519
8.3　环境应急管理	8291、9124、9125、9126
8.4　其他未分类活动	7430、9124、9125
	7729

　　注："国民经济行业代码"栏带"＊"的代码，表示与该行业全部对应，其他为部分对应。

1. 水环境保护

指预防、限制或消除排入水体和水域的污染物，使江、河、湖泊、水库、海洋等水体和水域维持其应有的正常功能的活动和措施。不包括那些以节约水资源为目的的活动和措施。

（1）污水与废水防治。

指减少排入内陆地表水和海水等水体的污染物，从而预防水体污染的活动和措施，包括污水与废水的收集和处理活动。

①排水管网建设与管理。

指对汇集和排放污水、废水的管道网络系统的建设、运行、维护等活动。

②污水与废水处理。

指采取各种处理方法降低污水、废水中的污染物，使其达到排放标准的活动和措施。

（2）地表水体和地下水体污染防治。

指对江河、湖泊、运河、渠道、水库等地表和地下水体的污染综合防治活动。

（3）海水污染防治。

指对海水的污染综合防治活动。

（4）水环境监测。

指对污水和废水中污染物浓度的监测活动，以及对地表水、地下水、海水水体水质状况的监测活动。

（5）其他水环境保护活动。

上述未包括的所有旨在保护地表水、地下水、海水等水体和水域的活动和措施。

2. 大气环境保护

指减少大气污染物排放或降低大气环境中污染物浓度的措施和活动，以及旨在控制温室气体和对臭氧层产生不利影响的气体排放的措施和活动。不包括那些以节约成本为目的的措施（如节能）。

（1）大气污染防治。

指去除和减少燃料燃烧或生产过程中产生的大气颗粒物或其他空气污染物质的措施和活动，还包括增加气体扩散以减少空气污染物浓度的活动。

（2）大气环境监测。

指对大气污染源排放和大气环境质量的监测活动。

大气污染源排放监测包括各类生产、生活过程中产生的污染物的监测活动。

大气环境质量监测包括对不同区域的环境空气质量监测活动以及与大气臭氧层、温室气体和气候变化相关的监测活动。

（3）其他大气环境保护活动。

上述未包括的所有旨在保护大气环境的活动和措施。

3. 固体废物防治

指减少固体废物产生量、充分合理利用固体废物、无害化处置固体废物、防止固体废物污染环境的活动和措施，包括收集、贮存、运输、处理和处置固体废物以及对固体废物的监测和管理活动。

（1）非危险固体废物处理和处置。

指生活垃圾、一般工业固体废物等非危险固体废物的收集、贮存、运输、处理和处置的活动。

（2）危险固体废物处理和处置。

指对各种危险固体废物进行收集、贮存、运输、处理和处置的活动。

（3）固体废物监测。

指监测和计量固体废物产生、存储及其毒性的活动和措施。

（4）其他固体废物污染防治活动。

上述未包括的所有旨在固体废物防治的活动和措施。

4. 噪声和振动防治

指控制、降低和消除交通、建筑、工业和社会生活中产生的噪声和振动的活动和措施。

（1）噪声和振动源治理。

指通过对噪声和振动产生源头的治理来预防和降低噪声的活动和措施。

（2）防噪声和振动设施建设。

指建设、安装和管理防噪声和振动设施的活动和措施。防噪声和振动设施包括公路和铁路旁的隔声屏障、绿化带、机器和管道隔声罩与吸声系统、隔声建筑、隔声窗户等。

（3）噪声和振动监测。

指监测和计量有关噪声和振动的活动和措施，包括城市噪声总体水平监测、噪声源监督管理监测、噪声事件监测、振动监测等。

（4）其他噪声和振动防治活动。

上述未包括的所有旨在控制、降低和消除噪声和振动的活动和措施。

5. 辐射污染防治

指确保核与辐射安全、防止辐射危害和放射性污染的活动和措施，包括辐射的防护，放射性废物的管理、运输、处理和处置，辐射监测等。不包括技术性危险的防护和工作场所内部采取的保护措施。

（1）辐射防护。

指为了保护周围环境媒介免受辐射危害的活动和措施，包括屏蔽、建造缓冲带等。

（2）放射性废物处理和处置。

指对放射性废物的收集、运输、减容、固化、贮存、转运、分离回收、排放、填埋处置等活动。

（3）辐射监测。

指使用专门的设备、工具和装置等计量和监测辐射水平的活动。

（4）其他辐射污染防治活动。

上述未包括的所有旨在保护环境媒介免受辐射污染的活动和措施。

6. 土壤保护

指保持或恢复土壤原有性质、维持土壤功能、预防和治理土壤污染的活动和措施。

（1）土壤侵蚀及其他物理退化防治。

指防治土壤侵蚀与其他物理性退化的活动和措施，包括水土保持、荒漠化和沙化防治等活动和措施。

（2）土壤盐碱化防治。

指防治土壤盐碱化的活动和措施，包括水利改良、农业改良、土地整理等活动和措施。

（3）土壤污染防治。

指对受到污染的各类土壤（包括污染场地）进行改良、治理、修复和风险控制的活动和措施。

（4）土壤监测。

指遵照有关技术规范测量土壤中各种污染物含量水平的活动以及监测土壤

侵蚀和盐碱化程度等的活动。

（5）其他土壤保护活动。

上述未包括的所有旨在土壤保护和恢复的活动和措施。

7. 生物多样性和自然景观保护

指保护和恢复动植物物种、生态系统和栖息地以及自然景观的活动和措施。

（1）自然保护区管理。

指对国家批准建立的自然保护区内有代表性的自然生态系统、珍稀濒危野生动植物物种和有特殊意义的自然遗迹等予以特殊保护和管理的活动。不包括自然保护区以外的动物、植物保护。

（2）野生动植物保护。

指对野生及濒危动物的饲养和繁殖，野生及濒危植物的培育，物种和栖息地的保护、恢复和管理等活动。

（3）生物多样性和自然景观监测。

指对野生动植物物种、生态系统和自然景观的监测活动。

（4）其他生物多样性和自然景观保护活动。

上述未包括的所有旨在保护生物多样性和自然景观的活动和措施。

8. 其他环境保护活动

指环境保护研发活动、环境管理以及不能归入其他类别的环境保护活动。

（1）环境保护研发。

指以保护环境为目的的研究与试验发展（R&D）活动，包括预防和消除所有形式污染的 R&D 活动；消除污染的工艺设备和工具、药剂的研制活动；污染监测计量分析设备和工具的研制活动等。

（2）一般环境管理。

指各种以环境保护为目的，且无法明确归入其他类别的一般管理和经营活动，包括环境行政监督与管理、环境认证、环境咨询、环境评价、环境宣传教育和培训、环境信息管理等活动。

（3）环境应急管理。

指为预防和减少突发环境事件发生，控制、减轻和消除突发环境事件危害的活动，包括预防与应急准备、监测与预警、应急处置与救援、事后恢复与重建等活动。

（4）其他未分类活动。

指所有不能归入前述类别的环境保护活动。

三、环保产业界定及内容

1. 环保产业界定

环保产业，不同国家或地区有不同的称谓，它在美国称为"环境产业"，在日本称为"生态产业"或"生态商务"，有的国家称之为"绿色产业"（Green Industry）。在我国，一般称之为"环保产业"，即"环境保护产业"（Environmental protection industry）的简称。

环保产业与现有的第一、第二、第三次产业划分不同，且不能简单地隶属于某一产业领域，而是一个跨产业、跨领域、跨地域，与其他经济部门，如机械、化工、冶金、建材、纺织、轻工、能源、电子等相互交叉、相互渗透的综合性新兴产业。这种交叉性与渗透性体现在：一是不少环保产品和服务可由多个相关部门生产与提供；二是许多环保产品本身具有复合功能，如清洁生产技术和产品，它们既保持了所替代技术或产品的使用功能，同时又增加了原有技术或产

图1-2 环保产业图例

品所不具备的功能。随着现代科技和经济的发展，以及人们对环保产业的日益重视，也有人认为，原有的产业划分方式已远远不能反映当今的产业状况，环保产业在基本运行方向上与第一、第二、第三产业的性质根本不同，不是三种产业的简单之和，应被列为继"知识产业"之后的"第五产业"。①

 延伸阅读

环保产业的"狭义"和"广义"之分

"狭义的环保产业"是针对环境问题的终端治理而言的，指在环境污染控

---

① 程海云、姜书华：《我国环保产业的内涵与发展对策》，《黑龙江科技信息》，2008（9）。

制与减排、污染清理以及废物处理等方面提供产品和服务的行业，其核心内容是环保产品生产及其相关的技术服务。其范围包括污水处理、废物管理与再循环、大气污染控制、噪声控制设备与监测设施、科研与实验室设备、环境舒适性设施，以及环保药剂、材料等。"狭义"定义主要针对环境问题的"终端治理"，其产品与服务的使用功能与环境功能是一致的。

"广义的环保产业"是针对产品的生命周期全过程，即生产、使用及废物的环境安全处置与再利用而言的，不仅包括狭义的内容，还包括涉及产品生产过程中的洁净技术与产品使用过程中的洁净产品、节能技术与工艺以及绿色设计。如氟氯烷烃（CFCs）替代品、可生物降解的材料、洗涤剂、含铅汽油替代品、无毒涂料、电动汽车、太阳能供暖、有机食品等。由于世界环境保护越来越重视对产品的生命周期全过程的环境行为的控制，因而将洁净技术与洁净产品纳入环保产业之内，采用环保产业的"广义"内涵则是必然趋势。

大多数欧洲国家，如德国、意大利、荷兰、挪威等主要采用狭义的内涵，即只把环保设备和咨询服务看作是环保产品。日本、加拿大、印度等国采用广义的内涵，除了上述环保产品，还包括能使污染和原材料消耗最小量化的洁净技术与产品。美国则介于广义和狭义两者之间。[①]

由于环保产业外延广泛，因此对其界定有着相当的模糊性，目前并无统一定义。有关国际贸易中环境产品或服务的统计大都遵循的是 OECD 关于环境产品或服务的定义。OECD 关于环境产品或服务的定义是广义的。2004 年国家环保总局根据 1990 年公布的国务院环境保护委员会《关于积极发展环境保护产业的若干意见》中的规定，将环保产业补充定义为："国民经济结构中为环境污染防治、生态保护与恢复、有效利用资源、满足人居环境需求，为社会、经济可持续发展提供产品和服务支持的产业。"它不仅包括污染控制与减排、污染清理与废物处理等方面提供产品与技术服务的狭义内涵，还包括涉及产品生命周期过程中对环境友好的技术与产品、节能技术、生态设计及与环境相关的服务等。由此可见，我国的环保产业基本与国际上提出的广义环保产业概念一致，包括污染物管理防治和资源可持续管理及生态保护建设。

2. 环保产业主要内容

按产品的性质，环保产业分为以下两类：

---

① 王仲成、官秀玲：《关于我国环保产业内涵的界定》，《绿色中国》，2005 年第 12 期。

第一类，提供环保材料、设备和技术。包括提供废水处理、废弃物处理和循环利用、大气污染控制、噪声控制等设备和技术，环境监测仪器和设备，环保科学技术研究和实验室设备，环保材料，药剂，环境事故处理和用于自然保护以及提高城市环境质量的设备和技术等。

第二类，提供环保服务。包括从事城市污水处理、城市垃圾处理和处置等方面的工程或活动，提供与环境分析、监测、评价和保护等方面有关的服务，环保技术与工程服务，环境研究与开发，环境培训与教育，环境核算与法律服务、咨询服务，以及其他与环境有关的服务等。

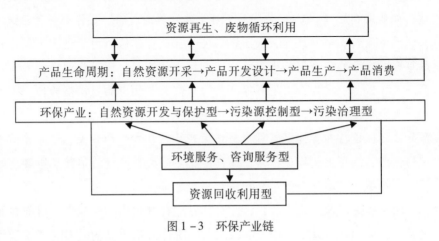

图1-3　环保产业链

四、环保产业分类及特点

1. 国际上的环保产业分类

国际上的环保产业分类方法不尽相同，当前在国际上影响比较大的分类是由国际经济合作组织提出的。国际经济合作发展组织（OECD）提出的环保产业，是指在防治水、空气、土壤污染及噪声，缩减和处理废物及保护生态系统方面提供产品和服务的部门。OECD将环保产业以内容分为污染管理、清洁技术与清洁产品和资源管理3大类，14小类。

OECD定义的污染管理包括：

（1）大气污染控制：用于从大气中的气态和颗粒去除的产品、系统或服务。例子包括过滤器和催化转换器（产品），天然气处理厂（系统）和总承包（服务）。

（2）污水处理：去除城市废水（污水）、商业和工业废水的污染物提供的产品、系统或服务，提供清洁化的饮用水和工业用水的水供应活动也包括在其中。

（3）废弃物管理：收集、处置城市、商业和工业废物的产品、系统和服务，不包括废弃物的循环利用行为。

（4）修复和清洁化受污染的土地和水：对污染地点进行识别、评估和修复的产品、系统、服务的识别，如监测系统、专有的处理（系统）、采样/分析（服务）。

（5）噪声控制：处置噪声污染的产品、系统和服务，如隔声罩和隔声屏障（产品）、振动测量系统（系统），以及噪声和振动测量（服务）。

（6）环境分析与评估：对环境进行监测的产品、系统和服务，包括直接和远程的，如连续排放监测系统（系统），以及安装和维护（系统）。

（7）环境研发：专门针对环境保护进行研发，包括实验室的实验、分析等。

（8）环境管理：包括公共管理和私营部门的环境管理两大类。公共环境管理如环保机构的督查活动、环境税收征管等；私营部门的管理环境活动如环境 ISO 14001 管理体系运作、环保系统的运营、环境审计等。

OECD 定义的清洁/资源节约型技术和产品包括清洁/资源节约型的技术和流程，清洁/资源节约型产品现金两大类。清洁技术和流程可减少物质投入、降低能源消耗、回收有价值的副产品、减少排放、减少废弃物处置问题等。清洁/资源节约型产品同样可以减少物质投入、提高产品质量、降低能源消耗、减少废弃物排放等。

OECD 定义的资源管理包括：

（1）饮用水的处理和配送：如包括饮用水提供和输送提供的生产设备、技术或特定的材料、设计、施工或安装等，包括旨在收集、净化和把饮用水送到家庭、工业、商业或其他用户。

（2）可循环利用的材料：包含为生产新型的可循环利用材料的一切活动，如生产设备、技术或特定的材料、设计、施工或安装以及管理或提供的其他服务。

（3）可再生能源工厂：包括与储存、输送可再生能源有关的任何活动，如提供设备、技术或特定的材料，设计，施工或安装，管理或其他服务。

（4）自然保护：保护或维护自然环境的活动。

日本将环境产业分为环境保护、环境恢复、能源供给、清洁生产、洁净产品、废弃物处置和利用等六个部分。

拥有成熟市场的美国环保产业，按其构成分为环境服务、环保设备以及环境资源三大类。其中环境服务又细分为环境测试与分析服务、废水处理工程、固体废物管理、危险废物管理、修复服务、咨询与设计六类；环保设备包括水处理设备与药剂、仪器与信息系统、大气污染控制设备、废物管理设备、清洁生产和污染预防技术；环境资源可以分为水资源使用、资源回收、清洁能源三个方向。从其分类可以看出，美国环保产业具有较为完善的产业体系，其中环境服务业发展较为充分，拥有比较完善的服务体系，并且各分类部门分工明确，具有较强的市场竞争性。

在上述三类环境产业之外，美国环保企业国际有限公司（Environmental Business International Inc.）在进行全球环保市场统计时，还把第四类也纳入分析之中，这就是环保消费产品（环保偏好型产品）。环保消费产品包括可持续农业产品，指的是经过认证的有机原料和工艺生产出来的农产品或其加工品；可持续林业产品，指的是经过认证的可持续林业计划生产的木材或其加工品；生态旅游产品，指其总收入来自经认证的生态旅游地点、最大限度地减少在交通和住宿设施的"环境足迹"的旅游。

虽然分类不同，但对于环保产业，人们已经形成了一个共同的认识：保护环境，不仅仅是支出，更重要的是，它可以带来经济效益，形成强有力的国际经济新的增长点，并成为许多国家革新和调整产业结构的重要目标和关键。[1]

表 1-2　美国环保产业分类

分类	内容
第一类：环境服务	
环境测试与分析服务	提供"环境样品"（如土壤、水、空气和生物样品）的分析测试服务
废水处理工程	建造收集和处理生活污水、商业和工业废水的公共设施，即 POTWs 设施（Publicly Owned Treatment Works）
固体废物管理	收集、处理固体废物
危险废物管理	管理危险废物、医院废物、核废料等

---

[1]　王莹：《武汉市环保产业发展研究》，中国地质大学，2005 年。

（续表）

分类	内容
修复服务	受污染地区、建筑物清扫，运转设施的环境保洁
咨询与设计	方案设计、工程设计、咨询、评估、认证、项目管理、营运管理、监测等
第二类：环保设备	
水处理设备与药剂	为水和废水处理提供设备服务，包括生产、供货和维修
仪器与信息系统	生产环境分析仪器以及信息系统和软件
大气污染控制设备	为大气污染控制（包括汽车尾气控制）提供设备和技术
废物管理设备	为危险废物处理、贮存和运输提供设备，包括回收和治理设备
清洁生产和污染预防技术	为生产工艺中的污染预防和废物处理/回收提供设备和技术
第三类：环境资源	
水资源使用	向用户售水
资源回收	出售自工业副产品或废旧物品回收或转化的材料
清洁能源	出售能源，提供太阳能、风能、地热、小规模水力发电系统以及提高能源利用率的服务

 **延伸阅读**

环保产业发展的重点行业

在环保产业方面：

一是发展先进环保技术和装备，包括污水、垃圾处理，脱硫脱硝，高浓度有机废水治理，土壤修复，监测设备等，重点攻克膜生物反应器、反硝化除磷、湖泊蓝藻治理和污泥无害化处理技术装备等。

二是发展环保产品，包括环保材料、环保药剂，重点研发产业化示范膜材料、高性能防渗材料、脱硝催化剂、固废处理固化剂和稳定剂、持久性有机污染物替代产品等。

三是发展环保服务，建立以资金融通和投入、工程设计和建设、设施运营和维护、技术咨询和人才培训等为主要内容的环保产业服务体系，加大污染治理设施特许经营实施力度。

资源循环利用产业方面：重点发展共伴生矿产资源、大宗工业固体废物综合利用，汽车零部件及机电产品再制造，再生资源回收利用，餐厨废弃物、建筑废弃物、道路沥青和农林废弃物资源化利用，重点解决共性关键技术的示范推广。

2. 我国的环保产业分类

我国对环保产业分类的角度略有不同。按其技术经济特点可以分为四类：产业Ⅰ（末端控制技术）、产业Ⅱ（清洁技术）、产业Ⅲ（绿色产品）、产业Ⅳ（环境功能服务）。[①]

产业Ⅰ重点关注生产链的终端，通过物理、化学或生物技术，实施对环境破坏的控制与治理。

产业Ⅱ主要负责在生产过程中，或通过生产链的延长如回收与再利用，减少及消除环境的破坏。

产业Ⅲ又称清洁产品，特点在于其在整个生命周期对环境无害。

产业Ⅳ着眼于环境资源功能效用的开发。

按产品的生命周期理论以及产品和服务的环境功能，将环保产业也划分为自然资源开发与保护型环保产业、清洁生产型环保产业、污染源控制型环保产业、污染治理型环保产业四类。

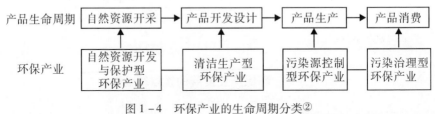

图 1-4 环保产业的生命周期分类[②]

国际金融危机后，我国把环保产业纳入战略性新兴产业的范畴。2012 年 12 月，国家统计局专门发布了关于战略性新兴产业的分类标准。环保产业与节能产业划归一类。其中环保产业包括先进环保产业、资源综合利用产业、节能环保综合管理服务。

---

① 任赟：《我国环保产业发展研究》，吉林大学，2009 年。
② 袁明鹏、万君康：《关于我国环保产业的定义及发展对策的思考》，《中国环保产业》，2002 年第 2 期。

先进环保产业包括环境保护专用设备制造、环境保护监测仪器及电子设备制造、环境污染处理药剂材料制造、环境评估与监测服务、环境保护及污染治理服务等五大类，见表1-3。

表1-3　先进环保产业分类

代码	战略性新兴产业分类名称	行业代码产品代码	行业名称产品名称
1.2	先进环保产业		
1.2.1	环境保护专用设备制造		
		3562	电子工业专用设备制造
		363210	净化设备及类似设备
		3591	环境保护专用设备制造
		365001	大气污染防治设备
			水污染防治设备
			固体废物处理处置设备
		365005	放射性污染防治和处理设备
			土壤污染治理与修复设备
			其他环境污染治理专用设备
		3597	水资源专用机械制造
		365602	清淤机械
		3656020200	水库清淤机械
		3656020400	水电站尾水清淤机械
		3656020500	管道清淤机械
		3990	其他电子设备制造
			噪声与振动控制设备
1.2.2	环境保护监测仪器及电子设备制造		
		4021	环境监测专用仪器仪表制造
		410701	水污染监测仪器
		410702	气体或烟雾分析、监测仪器

（续表）

代码	战略性新兴 产业分类名称	行业代码 产品代码	行业名称 产品名称
			噪声监测仪器、相关环境监测仪器
			船舶防污监测系统
			环境监测仪器仪表
			环境质量监测网络专用设备
			生态监测仪器
			污染源过程监控设备
		4027	核子及核辐射测量仪器制造
			离子射线的测量或检验仪器
		411502	离子射线应用设备
		411503	核辐射监测报警仪器
		4115040000	放射性物体加工计量仪器
		4115050000	辐照加工用仪器设备
			辐照无损检测、探伤仪器
		4115990000	其他核子及核辐射测量仪器
1.2.3	环境污染处理药剂材料制造		
		2665	环境污染处理专用药剂材料制造
			水污染防治药剂、材料
			大气污染防治药剂、材料
			固体废物处理处置药剂、材料
			土壤污染治理与修复药剂、材料
			其他环境污染处理药剂、材料
1.2.4	环境评估与监测服务		
		7239	其他专业咨询
		7409100000	环境保护与治理咨询服务
		7461	环境保护监测

（续表）

代码	战略性新兴产业分类名称	行业代码产品代码	行业名称产品名称
		7606010000	环境评估服务
		760602	空气污染监测服务
		760603	水污染监测服务
		760604	废料监测服务
		760605	噪声污染监测服务
		760699	其他环境监测服务
		7462	生态监测
		760606	自然生态监测服务
1.2.5	环境保护及污染治理服务		
		4620	污水处理及其再生利用
			污水的收集
			污水的处理及深度净化
		7430	海洋服务
		760307	海洋污染治理服务
			海洋环境评估、预报服务
			海洋环境咨询服务
		7719	其他自然保护
		8001990300	森林固碳服务
			生态保护区等管理服务
		7721	水污染治理
		800401	水污染治理服务
		7722	大气污染治理
		8004990101	大气污染治理服务
		7723	固体废物治理
		8004020200	化工产品废弃物治理服务

（续表）

代码	战略性新兴产业分类名称	行业代码产品代码	行业名称产品名称
		8004020300	矿物油废弃物治理服务
		8004020600	非金属矿物质废弃物治理服务
		8004020700	工业焚烧残渣物治理服务
			建筑施工废弃物治理服务
		7724	危险废物治理
		800402	危险废弃物治理服务
		7725	放射性废物治理
		8004990400	辐射污染治理服务
			辐射污染防护服务
			放射性废物收集、贮存、利用、处理等服务
		7729	其他污染治理
			噪声与振动控制服务
			生态恢复及生态保护服务
			土壤污染治理与修复服务
			环境应急治理服务
			其他未列明污染治理服务
		7810	市政设施管理
		8101010100	城市污水排放管理服务
		8101010200	城市雨水排放管理服务

资源综合利用产业包括矿产资源综合利用，工业固体废物、废气、废液回收和资源化利用，城乡生活垃圾综合利用，农林废弃物资源化利用，水资源循环利用与节水等五类，见表1-4。

表 1 - 4 资源综合利用产业分类

代码	战略性新兴 产业分类名称	行业代码 产品代码	行业名称 产品名称
1.3	资源综合利用产业		
1.3.1	矿产资源综合利用		
610	烟煤和无烟煤开采洗选		
	烟煤尾矿再开发利用		
	无烟煤尾矿再开发利用		
	烟煤、无烟煤尾矿综合利用		
	地下气化采煤（烟煤和无烟煤）技术的应用		
	煤制水煤浆及高效清洁利用		
	烟煤、无烟煤煤矸石综合利用		
620	褐煤开采洗选		
	褐煤尾矿再开发利用		
	地下气化采煤（褐煤）技术应用		
	褐煤煤矸石综合利用		
690	其他煤炭开采		
	煤矿瓦斯抽采与利用		
	其他煤矿尾矿再开发利用		
710	石油开采		
	油母页岩开采综合利用		
	油砂开采综合利用		
	伴生天然气综合利用		
720	天然气开采		
	煤层气综合开发利用		
	微生物开采煤层气技术应用		
810	铁矿采选		

（续表）

代码	战略性新兴 产业分类名称	行业代码 产品代码	行业名称 产品名称
			铁矿尾矿再开发利用
			中低品位铁矿、伴生矿综合开发利用
		820	锰矿、铬矿采选
			锰、铬矿尾矿再开发利用
			低品位锰矿、伴生矿综合开发利用
		911	铜矿采选
			铜矿资源高效开发利用
			铜矿尾矿再开发利用
		912	铅锌矿采选
			铅锌矿资源高效开发利用
			铅锌矿尾矿再开发利用
		913	镍钴矿采选
			镍钴矿尾矿再开发利用
		914	锡矿采选
			锡铁伴生矿综合开发利用
			锡矿尾矿再开发利用
		915	锑矿采选
			锑矿尾矿再开发利用
		916	铝矿采选
			铝矿尾矿再开发利用
		917	镁矿采选
			镁伴生矿综合开发利用
			镁伴矿尾矿再开发利用
		919	其他常用有色金属矿采选
			其他常用金属伴生矿综合开发利用

（续表）

代码	战略性新兴 产业分类名称	行业代码 产品代码	行业名称 产品名称
			其他常用金属尾矿再开发利用
		921	金矿采选
			金矿尾矿再开发利用
		922	银矿采选
			银矿尾矿再开发利用
		929	其他贵金属矿采选
			其他贵金属矿尾矿再开发利用
		931	钨钼矿采选
			钨钼矿尾矿再开发利用
		932	稀土金属矿采选
			稀土金属矿尾矿再开发利用
		939	其他稀有金属矿采选
			其他稀有金属矿尾矿再开发利用
		1011	石灰石、石膏开采
			石灰石、石膏矿尾矿再开发利用
		1013	耐火土石开采
			耐火土石矿尾矿再开发利用
		1019	黏土及其他土砂石开采
			土砂石矿尾矿再开发利用
			高岭土、铝矾土等共伴生非金属矿产资源的综合利用和深加工
		1020	化学矿开采
			化学矿尾矿再开发利用
		1200	其他采矿业
			地热能开发、回灌及综合利用

（续表）

代码	战略性新兴 产业分类名称	行业代码 产品代码	行业名称 产品名称
1.3.2	工业固体废物、废气、废液回收和资源化利用		
		06	煤炭开采和洗选业
			煤炭企业废气综合利用
			矿井水综合利用
		146	调味品、发酵制品制造
			食品发酵企业废气、废水综合利用
			发酵糟渣综合利用
		151	酒的制造
			酿酒企业废水综合利用
			酒糟及其他固体废弃物综合利用
		17	纺织业
			印染、漂白企业废水综合利用
		19	皮革、毛皮、羽毛及其制品和制鞋业
			制革加工固体废弃物综合利用
			制革加工废水综合利用
		22	造纸和纸制品业
			造纸企业废水综合利用
			碱回收白泥综合利用
			废水污泥、脱墨污泥综合利用
		2511	原油加工及石油制品制造
			炼油企业废气综合利用
			废润滑油、机油综合利用
		2520	炼焦
			焦化企业废气综合利用
		2914	再生橡胶制造

（续表）

代码	战略性新兴 产业分类名称	行业代码 产品代码	行业名称 产品名称
			初级形状的再生橡胶
		2908020000	再生胶粉
		30	非金属矿物制品业
			建材企业废气综合利用
		31	黑色金属冶炼和压延加工业
			钢铁企业冶炼废气、废渣综合利用
			锰渣综合利用
		32	有色金属冶炼和压延加工业
			有色金属企业废气综合利用
			有色冶炼渣综合利用
		3360	金属表面处理及热处理加工
			表面处理废液综合利用
		3463	气体、液体分离及纯净设备制造
			气体循环利用设备
			气体净化设备
			气体过滤设备
			气体冷却设备
			液体循环利用设备
			液体净化设备
			液体过滤设备
			液体冷却设备
		3735	船舶改装与拆除
		3718030300	船用海水淡化装置
		3718040200	船用垃圾焚烧炉
		3718040300	生化法污水处理装置

（续表）

代码	战略性新兴 产业分类名称	行业代码 产品代码	行业名称 产品名称
		3718040400	船用油污水分离装置
		3718049900	其他船用环保设备
		4210	金属废料和碎屑加工处理
			金属和金属化合物矿灰及残渣加工再利用
			有色金属废料与碎屑加工再利用
			贵金属或包贵金属废碎料加工再利用
			废电池回收、加工再利用
			废旧汽车回收、拆卸、破碎、分类、分离、加工再利用
			废旧农机具拆解加工再利用
			其他金属废料和碎屑加工再利用
		4220	非金属废料和碎屑加工处理
			纺织品废料加工再利用
			皮革废料加工再利用
			造纸废料、废纸加工再利用
			橡胶废料加工再利用
			塑料废料加工再利用
			玻璃废料加工再利用
			废旧家电拆解加工再利用
			废旧电子产品拆解加工再利用
			其他非金属废料和碎屑加工再利用
		4411	火力发电
			电力企业废气综合利用
			脱硫副产物综合利用

（续表）

代码	战略性新兴 产业分类名称	行业代码 产品代码	行业名称 产品名称
			粉煤灰综合利用
1.3.3	城乡生活垃圾综合利用		
		7820	环境卫生管理
			生活垃圾处理及综合利用
			道路垃圾处理及综合利用
			餐厨废弃物资源化利用
			城市污泥综合利用
			建筑和交通废物循环利用
			建筑垃圾综合利用
			桥梁、轨道拆除后垃圾综合利用
			其他城市垃圾综合利用
1.3.4	农林废弃物资源化利用		
		519	其他农业服务
			农业废弃物综合利用
			农村沼气综合利用
		529	其他林业服务
			林业加工废弃物（副产物）综合利用
			森林采伐剩余物综合利用
		530	畜牧服务业
			牧业加工废弃物（副产物）综合利用
		540	渔业服务业
			渔业加工废弃物综合利用
1.3.5	水资源循环利用与节水		
		4690	其他水的处理、利用与分配
			海水淡化处理

（续表）

代码	战略性新兴 产业分类名称	行业代码 产品代码	行业名称 产品名称
			雨水的收集、处理、利用
			微咸水及其他类似水的收集、处理和再利用
		7620	水资源管理
			水力资源开发利用咨询服务
		790607	节水管理与技术咨询服务
		7904	水资源保护服务
		7630	天然水收集与分配
			原水供应服务
		7902010000	水库管理服务
		7902020000	引水、提水设施管理服务
		7690	其他水利管理业
		7905	水土流失防治服务
			水资源开发利用咨询服务

节能环保综合管理服务包括节能环保科学研究、节能环保工程勘察设计、节能环保工程施工、节能环保技术推广服务和节能环保质量评估。

表 1-5　节能环保综合管理服务分类

行业 代码	战略性新兴 产业名称	行业代码 产品代码	行业名称 产品名称
1.4	节能环保综合管理服务		
1.4.1	节能环保科学研究		
		7310	自然科学研究和试验发展
		7501060000	化学研究服务
		7501070000	地球科学研究服务
		7320	工程技术研究与试验发展

（续表）

行业代码	战略性新兴产业名称	行业代码产品代码	行业名称产品名称
		7502010000	工程和技术基础科学研究服务
			高效节能设备技术研究与试验发展
			环境保护技术研究与试验发展
			资源循环利用技术研究与试验发展
		7502100000	动力与电力工程研究服务
		7502190000	环境科学技术研究服务
1.4.2	节能环保工程勘察设计		
		7482	工程勘察设计
			高效节能电力工程勘察设计服务
			高效节能热力工程勘察设计服务
			高效节能照明工程勘察设计服务
			核设施退役及放射性三废处理处置工程勘察设计服务
			环境保护工程专项勘察设计服务
			资源循环利用工程勘察设计服务
			水利工程勘察设计服务
			节水工程勘察设计服务
			海洋利用工程勘察设计服务
			森林利用工程勘察设计服务
1.4.3	节能环保工程施工		
		4700	房屋建筑业
			节能环保用房屋工程
		4821	水源及供水设施工程建筑
			水工隧洞工程
			水井工程
			水力枢纽工程

（续表）

行业 代码	战略性新兴 产业名称	行业代码 产品代码	行业名称 产品名称
			水库工程
			引水河渠工程
			灌溉排水工程
		4830	海洋工程建筑
			滨海污水海洋处置工程
			海水利用工程
		4840	工矿工程建筑
			节能环保火力发电厂工程
			节能环保窑炉工程
			节能环保冶炼工程
			节能环保矿山工程
			节能环保石油化工工程
			环境保护工程
			自来水厂工程
			污水处理工程
			其他节能环保工矿工程
		4852	管道工程建筑
			城市管道设施工程
			输油、输气、输水管道设施工程
		4890	其他土木工程建筑
			打水井工程
1.4.4	节能环保技术推广服务		
		7511	农业技术推广服务
			农业废弃物资源化利用技术推广服务
		7514	节能技术推广服务
			高效节能锅炉窑炉技术推广服务

（续表）

行业代码	战略性新兴产业名称	行业代码产品代码	行业名称产品名称
			高效节能电机及拖动设备技术推广服务
			余热余压余气利用技术推广服务
			电器高效节能利用技术推广服务
			照明产品高效节能利用技术推广服务
			交通设备高效节能利用技术推广服务
			采矿、电力高效节能技术推广服务
			脱硫、脱硝除尘一体化技术推广服务
			全氧燃烧或全氧助燃技术推广服务
			其他高效节能技术推广服务
		7519	其他技术推广服务
			资源循环利用技术推广服务
			先进环保技术推广服务
1.4.5	节能环保质量评估		
		7450	质检技术服务
			高效节能质量评估服务
			先进环保质量评估服务
			资源综合利用质量评估服务
		7481	工程管理服务
			高效节能工程评估与管理
			先进环保工程评估与管理
			资源循环利用工程评估与管理

3. 环保产业的特点

环保产业有别于传统意义的产业，其是为了满足环境保护的需要而逐步发展起来的，最大特点是以工业技术为手段，解决工业化和城市化过程中产生的环境问题，兼具经济性和社会性效用。具有特殊的产业特征①，具体体现为：

（1）外部性。

环保产业具有正的外部经济效应。环保产品均要求符合环保规范，或有利于整治污染、改善环境，或有利于资源的合理开发与持续利用，反映了其建立生态文明的发展理念。环保产业的发展给产业外的行为主体带来了有利的影响，在创造经济价值的同时，也带来了广泛的社会效益——保护了人类赖以生存的生态环境，为人类的可持续发展奠定了坚实的基础。

（2）关联性。

环保产业是一个跨领域、跨部门、跨行业的产业，广泛渗透于三次产业之中，包括技术开发、产品生产、商品流通、资源利用、信息服务、工程施工、设施运营等，因此，它通过与其他产业的投入产出关系，利用自己的发展带动相关产业的发展，如机电、钢铁、有色金属、化工产品、仪表仪器等行业的发展。环保产业的关联性是由环境系统的复杂性所决定的，它可以深入到环境系统内部的每一个角落。

（3）政策引导性。

环保行为是一种可持续发展行为，成本高、见效慢，具有显著的社会责任特性，需要政府发挥更多的主动性，加大资金支持和政策引导力度来推动。环保产业的外部性和公益性决定了环保产业的发展必须有政府的调控与干预，因此对国家政策有很强的依赖性。环保产业的需求主要来自社会公众，在相当大的程度上需要政府的政策驱动和财政投入。

（4）技术依赖性。

环保产品从生产过程到产品功能都对科学技术有强烈的依赖性。目前，发达国家的环境标准愈加严格，国内市场日趋饱和，只有引进高新技术、增强环保效果和降低成本，才能保持竞争优势。在这一背景下，电子及计算机技术、新材料技术、新能源技术、生物工程技术正源源不断地被引进环保产业各个领域。可以这样说，没有高水平的环保技术，就不可能有高水平的环保产业，环保产业的竞争力主要来自环保技术的创新。

（5）需求被动性。

环保产品的支出性决定了环保市场需求的被动性。在许多情况下，如果不是迫不得已，即使企业对环境造成了严重的污染，企业也不会主动地采取措施

---

① 罗天强、李成芳：《对环保产业的再认识》，《中国环保产业》，2002（8）。

治理污染。当然，这种被动性是暂时的，随着人们的环保意识和社会责任感的增强以及政策的完善，这种被动性将会逐渐改变。

知识链接

环境标志①

Ⅰ型环境标志

Ⅰ型环境标志是中国环境标志的简称。Ⅰ型环境标志由中心的青山、绿水、太阳及周围的十个环组成。图形的中心结构标志人类赖以生存的环境，外围的十个环紧密结合，环环紧扣，表示公众参与，共同保护环境；同时，十个环的"环"字与环境的"环"同字，其寓意为"全民联系起来，共同保护人类赖以生存的环境"。中国环境标志在认证方式、程序等方面均按 ISO 14020 系列标准（包括 ISO 14020、ISO 14021、ISO 14024 等）规定的原则和程序实施，与国际通行环境标志计划做法相一致。该标志具有明确的产品技术要求，对产品的各项指标及检测方法进行了明确的规定，它作为官方标志表明获准使用该标志的产品不仅质量合格，而且在生产、使用和处理处置过程中符合环境保护要求，与同类产品相比，具有低毒少害、节约资源等环境优势。

图 1 - 5　Ⅰ型环境标志和Ⅱ型环境标志

Ⅱ型环境标志

中国环境标志（Ⅱ型）以"十环"为创作基调，表示Ⅱ型与"十环标志"的关联性。标志中心是地球，而其上的图案是罗马数字"Ⅱ"，象征着Ⅱ型环

---

① 参见百度百科"环境标志、Ⅰ型环境标志、Ⅱ型环境标志"词条。

境标志；地球的经纬线与"Ⅱ"如坐标般分明，象征严格的认证过程，体现Ⅱ型环境标志——自我环境声明的准确性、真实性和严谨性。Ⅱ型中国环境标志是企业通过自我环境声明并由第三方进行验证的生态标签。ISO 14021《环境管理环境标志与声明自我环境声明（Ⅱ型环境标志）》标准可以作为认证标准来使用。我国实施Ⅱ型环境标志以"以企业为主，以 ISO 14021 标准为准绳的第三方评审"的方式进行。对符合要求的企业（声明者），准许使用Ⅱ型环境标志的方式进行。环保产品的支出性决定了环保市场需求的被动性。在许多情况下，如果不是迫不得已，即使企业对环境造成了严重的污染，企业也不会主动地采取措施治理污染。当然，这种被动性是暂时的，随着人们的环保意识和社会责任感的增强以及政策的完善，这种被动性将会逐渐改变。

五、环保产业的地位

以科技为基础，实行清洁生产、促进资源循环和再利用是解决资源和环境问题的有效手段。但清洁生产和循环经济并不能最终完全取代环保产业。环保产业将是一个永恒的产业，在当前还是战略型产业，在国民经济体系中发挥着重要的战略作用。

第一，从发展阶段而言，我国经济增长与资源环境的消耗虽然进入倒 U 曲线顶部，但如果在这个顶部停留的时间很长，我国经济发展对资源环境造成的总体压力就会越大，会造成过度的资源消耗和环境压力，使很多资源环境问题解决起来的难度越来越大，甚至有不再可能解决的风险，也就是说，在今后15～20 年的时间里是经济发展对环境压力最大的阶段。

根据国家中长期科学与技术发展规划战略研究不同情景的分析（见表1-6），年经济增长率达到 7.2%，GDP 翻两番，到 2020 年我国资源环境的总体形势无非有下述三种情景：第一种情景是如果按照现有的资源利用和污染排放水平，经济社会发展对环境的影响将是现在的 4～5 倍，显然自然资源供给将更为短缺，环境污染状况将急剧恶化；第二种情景是如果要保持现有的环境质量，那么资源生产率即单位资源消耗的经济产出就必须提高 4～5 倍，即使我们想仅仅实现环境状况不再恶化这样一个最基本的目标，显然我们也要付出极大的努力；第三种情景是如果要达到小康社会的目标，使环境质量有明显改善，则资源生产率必须提高 8～10 倍，环境改善所要求的这一资源利用效率提高幅度实现难度显然很大。

表 1-6　经济快速增长对生态环境影响的情景分析

	人口总量（P）	人均 GDP（A）	单位 GDP 的环境影响（T）	环境影响（$P \times A \times T$）	提高资源生产率倍数（$1/T$）
2000 年	12.7 亿	800 美元/人	1	1	1
2020 年（情景 1）	14 亿~15 亿	3000 美元/人	1	4~5	1
2020 年（情景 2）	14 亿~15 亿	3000 美元/人	1/4	1	4~5
2020 年（情景 3）	14 亿~15 亿	3000 美元/人	1/10	0.5	8~10

注：以 2000 年的情况为基点，即假定 2000 年经济社会发展的环境影响为 1。资料来源于《国家中长期科学和技术发展战略研究：生态建设、环境保护与循环经济发展战略与技术经济政策研究报告》

2000—2020 年这一阶段是我国资源环境的战略关键期，原因是我国仍处于工业化和城市化的过程中，工业化和城市化的过程仍没有完成。从国际经验看，工业化过程和城市化过程就是一个资源大量开发和利用的过程。从发达国家或地区的经验看，这个过程只有在工业化过程完成、从工业社会进入后工业社会的时候才可能发生重大变化。有关康德拉季耶夫长波的研究表明，发达国家进入信息社会之前出现的一系列带动经济增长的产业群都是和资源开发利用相关的。第一次康德拉季夫长波的核心投入是棉花、铁和水资源。第二次康德拉季夫长波的核心投入是煤和铁，作为基础设施和货物及旅客运输的服务行业，铁路以及与铁路发展紧密相关的蒸汽机制造、铁路车辆制造以及其他铁路装备产业发展十分迅速。第三次康德拉季夫长波是一个大规模开发利用钢铁、电力等的时代，影响这次长波的关键产业都和钢铁及电力的开发利用有关。第四次康德拉季夫长波快速增长的新兴产业集群都是建立在汽车和石油工业的基础之上的。很显然，处于工业社会时期的发达国家，其高速增长都和资源的开发、利用紧密相关。我国虽然可以通过引入更现代的技术，降低经济发展过程中的资源利用强度，但我们仍无法想象，在工业化过程中我国可以完全超越对资源的大规模利用与开发这样一个阶段。

第二，从全球角度而言，世界已经进入到一个满世界时期。很多宏观经济学家认为，人造资本是自然资本的完美替代，如果人造资本是自然资本的完美替代，那么，自然资本就永远不会稀缺。但事实并不是这样，自然资本和人造资本很大程度上具有互补性，只是部分替代。例如说，我们有锯木厂，但没有森林，锯木厂就不会有什么用；我们有渔船，而没有鱼，那也打不出鱼来；有灌渠，而没有水，这有什么用？人造资本只是自然资本的一种物质转换，如果生产的人造资本越多，需要消耗的自然资本就越多，那么，世界就会从空的世界走向满的世界。①

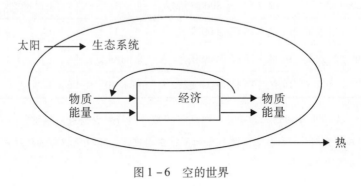

图 1 – 6　空的世界

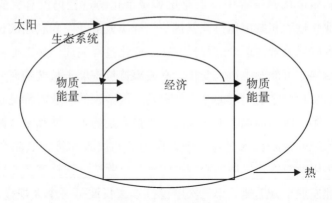

图 1 – 7　满的世界

根据魏克格尔（Wackenagel）的研究，自 1977 年以来，地球提供的可持续生产力与人口不相容，为容纳 1999 年的人口，该年需要 1.2 个地球（见表 1 –7），如果五大洲面积相等，全球还需要一个大洲。我国的生态赤字比起全球来更加严重，要容纳 2001 年我国这样多的人口，该年需要 2 个以上的中国。

———————

① 戴利：《超越增长：可持续发展经济学》，上海译文出版社，2001 年，第 66 ~ 68 页。

表 1-7　全球生态足迹（1999 年）

面积	全球需求/每人（公顷）	全球可提供的生产力面积/每人（公顷）
农用地	0.53	0.53
草地	0.10	0.27
林地	0.29	0.87
渔域	0.14	0.14
建筑用地	0.10	0.10
能源	1.16	0.00
合计	2.32	1.91

引自陶在朴：《生态包袱与生态足迹》，经济科学出版社，2003 年，第 166 页。(Wcker-magel, etc：Tracking the ecological overshoot of the human economy，PNAS 2002.)

第三，在未来相当长的时间里，依靠环保产业提供的产品和服务仍然是解决环境污染问题的主要途径。首先，不是所有企业的清洁生产都能够通过采用新工艺来实现，一些产业或企业的清洁生产是靠环保设备和技术的应用实现的。其次，循环经济的实行也需要环保技术的转化，环保技术常常成为企业联系的纽带。再次，产品消费不可避免地产生废弃物。生产是为了消费，有消费就有废弃物。在消费中，各种产品（包括企业生产设备、居民日常消费）都有一定的使用寿命，超过一定的期限产品就会成为废弃物而被抛弃，对废弃物的处理就离不开环保产业（环保设备和环保服务）。此外，全面实行清洁生产以及循环经济，还是一个渐进的过程，它依赖于科学技术的全面进步，并不可能一步到位。

知识链接

清洁生产①

清洁生产（Cleaner Production）在不同的发展阶段或者不同的国家有不同的叫法，例如"废物减量化""无废工艺""污染预防"等。但其基本内涵是

---

①　参见百度百科"清洁生产"词条。

一致的，即通过对产品和产品的生产过程、产品及服务采取预防污染的策略来减少污染物的产生。

联合国环境规划署与环境规划中心（UNEPIE/PAC）综合各种说法，采用了"清洁生产"这一术语，来表征从原料、生产工艺到产品使用全过程的广义的污染防治途径，给出了以下定义：清洁生产是一种新的创造性的思想，该思想将整体预防的环境战略持续应用于生产过程、产品和服务中，以增加生态效率和减少人类及环境的风险。对生产过程，要求节约原材料与能源，淘汰有毒原材料，降低所有废弃物的数量与毒性；对产品，要求减少从原材料提炼到产品最终处置的全生命周期的不利影响；对服务，要求将环境因素纳入设计与所提供的服务中。

图 1-8 循环经济图解①

① 参见搜狗百科"循环经济"词条。

第二章　环保产业的重点领域

环保产业包括污水处理、大气污染防治及垃圾处理三大重点领域。

一、污水处理

1. 定义与分类

污水处理（Sewage Treatment，Wastewater Treatment），顾名思义，指为使污水达到排水某一水体或再次使用的水质要求，并对其进行净化的过程。其实质就是采取物理的、化学的或生物的处理方法将污水中所含的污染物分离出来或将其转化为无害物，从而使污水得到净化的过程。污水处理被广泛应用于建筑、农业、交通、能源、石化、环保、城市景观、医疗、餐饮等各个领域，也越来越多地走进寻常百姓的日常生活。

知识链接

水污染物的主要来源[①]

水污染物按其性质可以分为化学性污染、物理性污染和生物性污染三大类。其来源一般有：

（1）未经处理而排放的工业废水；

（2）未经处理而排放的生活污水；

---

① 参见百度百科"水污染"词条。

（3）大量使用化肥、农药、除草剂的农田污水；

（4）堆放在河边的工业废弃物和生活垃圾；

（5）水土流失；

（6）矿山污水等几种。

污水处理一般分为生产污水处理和生活污水处理。生产污水包括工业污水、农业污水以及医疗污水等。生活污水就是日常生活产生的污水，是指各种形式的无机物和有机物的复杂混合物，包括：①漂浮和悬浮的大小固体颗粒；②胶状和凝胶状扩散物；③纯溶液。①

政策要点：

国家对污水处理的优惠政策

a. 列入国家重点污染防治和生态保护的项目，国家给予资金支持；城市维护费可用于环境保护设施建设；国家征收的排污费主要用于污染防治。

b. 关税优惠：对城市污水和造纸废水部分处理设备等实行进口商品暂定税率，享受关税优惠。

c. 所得税优惠：对利用废水、废气、废渣等废弃物作为原料进行生产的企业，在 5 年内减征或免征所得税。

d. 建筑税优惠：建设污染源治理项目免交建筑税。

e. 增值税优惠：对城市污水处理厂和垃圾处理厂免征增值税。

2. **废水及主要污染物排放情况**

（1）废水排放情况。

2011 年，全国废水排放量 659.2 亿吨。其中，工业废水排放量 230.9 亿吨，占废水排放总量的 35.0%。生活污水排放量 427.9 亿吨，占废水排放总量的 64.9%。集中式污染治理设施废水（不含城镇污水处理厂，下同）排放量 0.4 亿吨，占废水排放总量的 0.1%。

（2）化学需氧量排放情况。

2011 年，全国废水中化学需氧量排放量 2499.9 万吨。其中工业废水中化

---

① 李世娟：《污水处理工艺简介》，《北京水利》，2004 年第 4 期。

学需氧量排放量 354.8 万吨，占化学需氧量排放总量的 14.2%。农业源排放化学需氧量 1186.1 万吨，占化学需氧量排放总量的 47.4%。城镇生活污水中化学需氧量排放量 938.8 万吨，占化学需氧量排放总量的 37.6%。集中式污染治理设施废水中化学需氧量排放量 20.1 万吨，占化学需氧量排放总量的 0.8%。

（3）氨氮排放情况。

2011 年，全国废水中氨氮排放量 260.4 万吨。其中工业废水氨氮排放量 28.1 万吨，占氨氮排放总量的 10.8%。农业源氨氮排放量 82.7 万吨，占氨氮排放总量的 31.8%。城镇生活污水中氨氮排放量 147.7 万吨，占氨氮排放总量的 56.7%。集中式污染治理设施废水中氨氮排放量 2.0 万吨，占氨氮排放总量的 0.8%。

（4）废水中其他主要污染物排放情况。

2011 年，全国废水中石油类排放量 2.1 万吨，挥发酚排放量 2430.6 吨，氰化物排放量 217.9 吨。废水中重金属铅、镉、汞、总铬及砷排放量分别为 155.2 吨、35.9 吨、1.4 吨、293.2 吨和 146.6 吨。

（5）各地区废水及主要污染物排放情况。

2011 年，废水排放量大于 30 亿吨的省份依次为广东、江苏、山东、浙江、河南、福建，6 个省份废水排放总量为 293.7 亿吨，占全国废水排放量的 44.6%。工业废水排放量最大的是江苏，城镇生活污水排放量最大的是广东，集中式污染治理设施渗滤液/废水排放量最大的是浙江。

化学需氧量排放量大于 100 万吨的省份依次为山东、广东、黑龙江、河南、河北、辽宁、湖南、四川、江苏和湖北，10 个省份的化学需氧量排放量为 1457.1 万吨，占全国化学需氧量排放量的 58.3%。工业化学需氧量排放量最大的是广东，农业化学需氧量排放量最大的是山东，城镇生活化学需氧量排放量最大的是广东，集中式污染治理设施化学需氧量排放量最大的是湖北。

氨氮排放量大于 10 万吨的省份依次为广东、山东、湖南、江苏、河南、四川、湖北、浙江、河北、辽宁和安徽，11 个省份的氨氮排放量为 160.5 万吨，占全国氨氮排放量的 61.6%。工业氨氮排放量最大的是湖南，农业氨氮排放量最大的是山东，城镇生活氨氮排放量最大的是广东，集中式污染治理设施化学需氧量排放量最大的是湖北。

（6）工业行业废水及主要污染物排放情况。

2011 年，在调查统计的 41 个工业行业中，废水排放量位于前 4 位的行业依次为造纸与纸制品业，化学原料及化学制品制造业，纺织业，电力、热力生产和供应业，4 个行业的废水排放量为 107.0 亿吨，占重点调查统计企业废水排放总量的 50.3%。

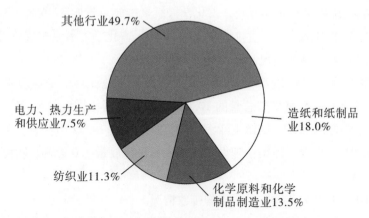

图 2 - 1　2011 年全国重点行业废水排放

2011 年，在调查统计的 41 个工业行业中，化学需氧量排放量位于前 4 位的行业依次为造纸与纸制品业、农副食品加工业、化学原料及化学制品制造业、纺织业，4 个行业的化学需氧量排放量为 191.5 万吨，占重点调查统计企业排放总量的 59.5%。2011 年，在调查统计的 41 个工业行业中，氨氮排放量位于前 4 位的行业依次为化学原料及化学制品制造业，造纸与纸制品业，农副食品加工业，纺织业，4 个行业的氨氮排放量为 15.9 万吨，占重点调查统计企业排放总量的 60.6%。

2011 年，重金属（铅、镉、汞、总铬、砷）排放量位于前 4 位的行业依次为有色金属冶炼和压延加工业，皮革、毛皮、羽毛及其制品，金属制品业和制鞋业。4 个行业的重金属排放量为 489.6 吨，占重点调查统计企业排放量的 78.6%。

2011 年，石油类排放量位于前 4 位的行业依次为煤炭开采和洗选业，黑色金属冶炼和压延加工业，石油加工、炼焦和核燃料加工业，化学原料和化学制品制造业，4 个行业的石油类排放量为 11774.2 吨，占重点调查统计企业石油类排放量的 57.2%。[①]

3. 污水处理一般技术

根据《水污染控制工程》[②]，主要技术分为：

---

①　国家环境保护部：《2011 年环境统计年报》，2013 年。
②　田禹、王树涛：《水污染控制工程》，化学工业出版社，2011 年。

不溶态污染物的分离技术。①重力沉降：沉砂池（平流、竖流、旋流、曝气）、沉淀池（平流、竖流、辐流、斜流）。②混凝澄清。③浮力浮上法：隔油、气浮。④其他：阻力截留、离心力分离法、磁力分离法。

污染物的生物化学转化技术。①活性污泥法：SBR（序列间歇式活性污泥法）、AO（厌氧好氧工艺法）、A2O（厌氧—缺氧—好氧法）、氧化沟等。②生物膜法：生物滤池、生物转盘、生物接触氧化池等。③厌氧生物处理法：厌氧消化、水解酸化池、UASB（升流式厌氧污泥床）等。④自然条件下的生物处理法：稳定塘、生态系统塘、土地处理法。

知识链接

SBR/AO/A2O[①]

SBR 是序列间歇式活性污泥法（Sequencing Batch Reactor Activated Sludge Process）的简称，是一种按间歇曝气方式来运行的活性污泥污水处理技术，又称序批式活性污泥法。与传统污水处理工艺不同，SBR 技术采用时间分割的操作方式替代空间分割的操作方式，非稳定生化反应替代稳态生化反应，静置理想沉淀替代传统的动态沉淀。它的主要特征是在运行上的有序和间歇操作，SBR 技术的核心是 SBR 反应池，该池集均化、初沉、生物降解、二沉等功能于一池，无污泥回流系统。

AO 工艺法也叫厌氧好氧工艺法，A（Anaerobic）是厌氧段，用于脱氮除磷；O（Oxic）是好氧段，用于去除水中的有机物。

A2O 法又称 AaO 法，是英文 Anaerobic – Anoxic – Oxic 第一个字母的简称（厌氧—缺氧—好氧法），是一种常用的污水处理工艺，可用于二级污水处理或三级污水处理，以及中水回用，具有良好的脱氮除磷效果。该法是 20 世纪 70 年代由美国的一些专家在 AO 法脱氮工艺基础上开发的。

污染物的化学转化技术。①中和法：酸碱中和。②化学沉淀法：氢氧化物沉淀、铁氧体沉淀、其他化学沉淀。③氧化还原法：药剂氧化法、药剂还原

---

① 参见百度百科"SBR/AO/A2O"词条。

法、电化学法。④化学物理消毒法：臭氧、紫外线、二氧化氯、氯气、次氯酸钠等。

溶解态污染物的物理化学分离技术。①吸附法。②离子交换法。③膜分离法：扩散渗析、电渗析、反渗透、超滤、纳滤、微滤。④其他分离方法：吹脱和气提、萃取、蒸发、结晶、冷冻。

4. 生活污水处理流程

现代污水处理技术，按处理程度划分，可分为一级处理、二级处理和三级处理。

一级处理主要针对水中悬浮物质，常采用物理的方法，经过一级处理后，污水悬浮物去除可达40%左右，附着于悬浮物的有机物也可去除30%左右；一级处理属于二级处理的预处理。

二级处理主要去除污水中呈胶体和溶解状态的有机污染物质。通常采用的方法是微生物处理法，具体方式有活性污泥法和生物膜法。微生物处理法就是利用微生物分解氧化有机物的这一功能，并采取一定的人工措施，创造有利于微生物生长、繁殖的环境，使微生物大量繁殖，以提高其分解氧化有机物的效率。污水经过一级处理以后，已经去除了漂浮物和部分悬浮物，BOD_5（生化需氧量）的去除率为25%～30%。经过二级处理后，BOD_5（生化需氧量）的去除率可达90%以上，二沉池出水能达标排放。

三级处理是在一级处理、二级处理之后，进一步处理难降解的有机物，及可导致水体富营养化的氮、磷等可溶性无机物等。三级处理常用于二级处理以后，以进一步改善水质和达到国家有关排放标准为目的。三级处理使用的方法有生物脱氮除磷、混凝沉淀（澄清、气浮）、过滤、活性炭吸附等。

5. 主要处理方法

目前，污水处理最基本的作用原理有三项，即：分离、转化和利用。

（1）分离。采用各种技术方法，把废水中的悬浮物或胶体微粒、微滴分离出来，从而使污水得到净化，或者使污水中的污染物减少到最低限度。

（2）转化。对于已经溶解在水中，无法"取"出来或者不需要"取"出来的污染物，采用生物化学的方法、化学和电化学的方法，使水中溶解的污染物转化成无害的物质（如转化成 H_2O、CO_2、CH_4、NO_X 等[①]），或者转化成容

[①] H_2O、CO_2、CH_4、NO_X 分别指水、二氧化碳、甲烷和氮氧化物。

易分离的物质（如沉淀物、附着物、上浮物、不溶性气体等）。总之，使水中污染物发生有利于治理的化学、生物化学变化。

（3）利用。针对有些污水（主要是高浓度的）未经处理或者稍加处理就有可能找到新的用途，可以成为有用的资源，用于再制造、再加工，从而解决污水治理的问题。

一般污水处理方法主要分为活性污泥法、生物膜法、氧化法和土地法四大类。

（1）活性污泥法。

长期以来，城市生活污水多采用活性污泥法，它是世界各国应用最广的一种生物处理流程，具有处理能力高、出水水质好的优点。该方法主要由曝气池、沉淀池、回流污泥和剩余污泥排放系统组成。

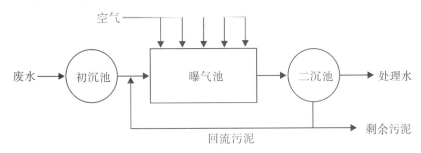

图 2 - 2 污泥处理流程示意图

曝气池是一个生物反应器，通过曝气设备充入空气，空气中的氧溶入混合液，产生好氧代谢反应，且使混合液得到足够的搅拌而呈悬浮状态，这样，废水中的有机物、氧气同微生物能充分接触反应。废水和回流的活性污泥一起进入曝气池形成混合液。

图 2 - 3 城市中水再利用系统

随后混合液进入沉淀池，混合液中的悬浮固体在沉淀池中沉下来和水分离，流出沉淀池的就是净化水。沉淀池中的污泥大部分回流，称为回流污泥，回流污泥的目的是使曝气池内保持一定的悬浮固体浓度，也就是保持一定的微生物浓度。

曝气池中的生化反应引起微生物的增殖，增殖的微生物量通常从沉淀池中排除，以维持活性污泥系统的稳定运行，这部分污泥叫剩余污泥。活性污泥除了有氧化和分解有机物的能力外，还要有良好的凝聚和沉降性能，以使活性污泥能从混合液中分离出来，得到澄清的出水。污泥需处理才能防止二次污染，其处置方法常有浓缩、厌氧消化、脱水及热处理等。

 延伸阅读

中　水①

中水又称再生水，是指污水经适当处理后，达到一定的水质指标，满足某种使用要求，可以进行有益使用的水。和海水淡化、跨流域调水相比，再生水具有明显的优势。从经济的角度看，再生水的成本最低；从环保的角度看，污水再生利用有助于改善生态环境，实现水生态的良性循环。

一般为二级处理，具有不受气候影响、不与邻近地区争水、就地可取、稳定可靠、保证率高等优点。再生水即所谓"中水"，是沿用了日本的叫法，通常人们把自来水叫作"上水"，把污水叫作"下水"，而再生水的水质介于上水和下水之间，故名"中水"。再生水虽不能饮用，但它可以用于一些水质要求不高的场合，如冲洗厕所、冲洗汽车、喷洒道路、绿化等。再生水工程技术可以认为是一种介于建筑物生活给水系统与排水系统之间的杂用供水技术。再生水的水质指标低于城市给水中饮用水的水质指标，但高于污染水允许排入地面水体的排放标准。

再生水是城市的第二水源。城市污水再生利用是提高水资源综合利用率、减轻水体污染的有效途径之一。再生水合理回用既能减少水环境污染，又可以缓解水资源紧缺的矛盾，是贯彻可持续发展的重要措施。污水的再生利用和资源化具有可观的社会效益、环境效益和经济效益，已经成为世界各国解决水问题的必选。

① 参见百度百科"中水"词条。

（2）生物膜法。

在污水生物处理的发展和应用中，活性污泥和生物膜法一直占据主导地位。生物膜法主要用于从废水中去除溶解性有机污染物，主要特点是微生物附着在介质"滤料"表面，形成生物膜，污水同生物膜接触后，溶解的有机污染物被微生物吸附转化为 H_2O、CO_2、NH_3（氨气）和微生物细胞物质，污水得到净化，所需氧化一般直接来自大气。

生物膜法处理系统适用于处理中小规模的城市废水，采用的处理构筑物有高负荷生物滤池和生物转盘，生物滤池在我国南方更为适用。随着新型填料的开发和配套技术的不断完善，与活性污泥法平行发展起来的生物膜法处理工艺在近年来得以快速发展。由于生物膜法具有处理效率高、耐冲击负荷性能好、产泥量低、占地面积少、便于运行管理等优点，在处理中极具竞争力。

（3）氧化法。

氧化法是目前广泛采用并极具发展潜力的城市生活污水预处理方法之一。根据氧化剂的种类及反应器的类型，氧化法可分为化学氧化法、催化氧化法、（催化）湿式氧化法、光催化氧化法、超临界氧化法等。化学氧化法虽然操作简单，但由于处理效果并非十分理想，而且由于其运行成本较高，因此，在城市生活污水处理应用中使用并不是很多。

为了达到提高处理效果，降低运行成本的目的，人们开发了一些其他的氧化技术。光催化氧化法设备简单、运行条件温和、氧化能力强、杀菌作用强、处理彻底，因此，在水的深度处理及对难生物降解的有机废水的处理方面具有极好的应用前景，目前已成为国内外非常活跃的研究课题。有预测，氧化法将成为 21 世纪废水处理中重要的方法之一。

（4）土地法。

土地处理，主要通过土壤颗粒的过滤、离子交换吸附和沉淀等作用去除污水中的悬浮固体和溶解成分，通过土壤中的微生物作用使污水中的有机物和氮发生转化。目前，常用的方法有回灌法、人工湿地法。一定数量的、可生化性良好的、低浓度的有机废水，通过回灌和人工湿地，可转化为水、二氧化碳、硝酸盐、氮气以及各种无机物。但是，环境的这种进化能力是有限的，若排入环境的废水浓度过高、数量过大，单是凭环境的净化能力是远远不够的。

6. 常用污水处理设备

（1）离心机。

离心机主要用于将悬浮液中的固体颗粒与液体分开；或将乳浊液中两种密度不同又互不相溶的液体分开（例如从牛奶中分离出奶油）；它也可用于排除湿固体中的液体，例如用洗衣机甩干湿衣服；特殊的超速管式分离机还可分离不同密度的气体混合物；利用不同密度或粒度的固体颗粒在液体中沉降速度不同的特点，有的沉降离心机还可对固体颗粒按密度或粒度进行分级。

（2）污泥脱水机。

污泥脱水机的特点是可自动控制运行、连续生产、无级调速，对多种污泥适用，适用于给水排水、造纸、铸造、皮革、纺织、化工、食品等多种行业的污泥脱水。

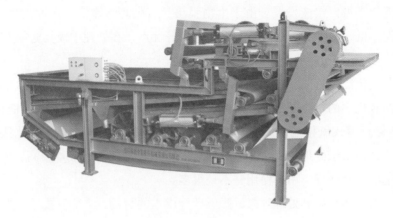

图 2-4 污泥脱水机

（3）曝气机。

曝气机是通过散气叶轮，将"微气泡"直接注入未经处理的污水中，在混

图 2-5 转盘曝气机

凝剂和絮凝剂的共同作用下，悬浮物发生物理絮凝和化学絮凝，从而形成大的悬浮物絮团，在气泡群的浮升作用下"絮团"浮上液面形成浮渣，利用刮渣机从水中分离；不需要清理喷嘴，不会发生阻塞现象。本设备整体性好，安装方便，节省运行费用与占地面积。

（4）微滤机。

微滤机是一种转鼓式筛网过滤装置。被处理的废水沿轴向进入鼓内，以径向辐射状经筛网流出，水中杂质（细小的悬浮物、纤维、纸浆等）即被截留于鼓筒上滤网内面，当截留在滤网上的杂质被转鼓带到上部时，被压力冲洗水反冲到排渣槽内流出。运行时，转鼓2/5的直径部分露出水面，转数为1~4转/分，滤网过滤速度可采用30~120米/小时，用于水库水处理时，除藻效率达40%~70%，除浮游生物效率达97%~100%。微滤机占地面积小、生产能力大（250~36000米³/天）、操作管理方便，已成功地应用于给水及废水处理。[①]

图2-6　微滤机

（5）气浮机。

气浮机是一种去除各种工业和市政污水中的悬浮物、油脂及各种胶状物的设备。该设备广泛应用于炼油、化工、酿造、屠宰、电镀、印染等工业废水和市政污水的处理。按溶气方式分为：充气气浮机、溶气气浮机和电解气浮机。其原理是将难以溶解于水中的气体或两种以上不同的液体高效混合（产生微细

---

① 转/分即每分多少转；米/小时即每小时多少米；米³/天即每天多少立方米。

气泡粒径 20～50 微米），以微小气泡作为载体，黏附水中的杂质颗粒，颗粒被气泡挟带浮升至水面与水分离，达到固液分离的目的。

 **延伸阅读**

水生生态系统

水生生态系统是地球表面各类水域生态系统的总称。水生生态系统中栖息着自养生物（藻类、水草等）、异养生物（各种无脊椎和脊椎动物）和分解者生物（各种微生物）群落。各种生物群落及其与水环境之间相互作用，维持着特定的物质循环与能量流动，构成了完整的生态单元。按水的盐分高低，水生生态系统可分为淡水生态系统和海洋生态系统；按水的流动性，淡水生态系统又可分为静水生态系统（如湖泊、池塘和水库）和流水生态系统（如江河、溪流、沟渠等）。水生生态系统是人类赖以生存的重要环境条件之一。

水生生态系统的特点如下：

环境特点：水的密度大于空气，许多小型生物如浮游生物可以悬浮在水中，借助水的浮力度过它们的一生。水的密度大还决定了水生生物在构造上的许多特点。水的比热较大，导热率低，因此水温相对稳定。在海洋中至今还保留着原始的软骨鱼类和有活化石之称的矛尾鱼等古老的生物类群，这与海洋的水温均匀和环境无大的变化有关。

功能特点：与陆生生态系统相比，水生生态系统初级生产者对光能的利用率比较低。据奥德姆对佛罗里达中部某银泉的能流研究，太阳总有效能中 75.9% 不能为初级生产者所利用，22.88% 呈不稳定状态，而实际用于总生产力的有效太阳能仅有 1.22%，除去生产者自身呼吸消耗的 0.7%，初级生产者净生产力所利用的光能只有 0.52%。

营养结构特点：水生生态系统的生产者在其生态特征上与陆地差别很大，除一部分水生高等植物外，各类水域的生产者主要是体型微小但数量惊人的浮游植物。这类生产者的特征是代谢率高、繁殖速度快、种群更新周期短、能量的大部分用于新个体的繁殖。消费者层次的组成状况在淡水和海洋两类生态系统中的差别较大。在淡水水域，消费者一般是体型较小、生物学分类地位较低的变温动物，新陈代谢过程中所需的热量比常温动物少，热能代谢受外界环境变化的影响较大。

二、大气污染防治

1. 定义及分类

大气污染：按照国际标准化组织（ISO）的定义，"大气污染通常是指由于人类活动或自然过程引起某些物质进入大气中，呈现出足够的浓度，达到足够的时间，并因此危害了人体的舒适、健康和福利或环境污染的现象"。

污染物按其存在状态可分为两大类。一种是气溶胶状态污染物，另一种是气体状态污染物。气溶胶状态污染物主要有粉尘、烟液滴、雾、降尘、飘尘、悬浮物等。气体状态污染物主要有以二氧化硫为主的硫氧化合物，以二氧化氮为主的氮氧化合物，以二氧化碳为主的碳氧化合物以及碳氢化合物。大气中不仅含无机污染物，而且含有机污染物。并且随着人类不断开发新的物质，大气污染物的种类和数量也在不断变化着，就连南极和北极的动物也受到了大气污染的影响。

表 2-1　大气污染主要化学物质

类别	来源	危害	迁移
硫氧化物	矿物燃料 火山活动	酸雨	H_2SO_4 或硫酸盐，干、湿沉降
碳氧化物	不完全燃烧 机动车排气	破坏血红蛋白	生物吸附 光合作用
氮氧化物	燃烧过程 细菌作用	造成光化学烟雾 温室效应破坏臭氧层	HNO_3 或硝酸盐，干、湿沉降在大气中光离解
碳氢化合物	汽车尾气有机物蒸发	温室效应产生光化学烟雾	发生电化学反应
卤素化合物	合成化学品	温室效应破坏臭氧层，人体氟危害	在大气中破坏臭氧层

知识链接

大气污染的主要危害[1]

大气污染对人体的危害主要表现为呼吸道疾病；对植物可使其生理机制受

[1] 参见百度百科"大气污染"词条。

抑制，生长不良，抗病抗虫能力减弱，甚至死亡；大气污染还能对气候产生不良影响，如降低能见度、减少太阳的辐射（据资料表明，城市太阳辐射强度和紫外线强度要分别比农村减少 10%～30% 和 10%～25%）而导致城市佝偻发病率的增加；大气污染物能腐蚀物品，影响产品质量；近十几年来，不少国家发现酸雨，雨雪中酸度增高，使河湖、土壤酸化，鱼类减少甚至灭绝，森林发育受影响，这与大气污染是有密切关系的。

2. 我国废气及废气中主要污染物排放情况①

（1）二氧化硫排放情况。

2011 年，全国工业废气排放量 674509.3 亿米³（标态）。

全国二氧化硫排放量 2217.9 万吨。其中，工业二氧化硫排放量 2017.2 万吨，占全国二氧化硫排放总量的 91.0%；生活二氧化硫排放量 200.4 万吨，占全国二氧化硫排放总量的 9.0%；集中式污染治理设施二氧化硫排放量 0.3 万吨。

（2）氮氧化物排放情况。

2011 年，全国氮氧化物排放量 2404.3 万吨。其中，工业氮氧化物排放量 1729.7 万吨，占全国氮氧化物排放总量的 71.9%；生活氮氧化物排放量 36.6 万吨，占全国氮氧化物排放总量的 1.5%；机动车氮氧化物排放量 637.6 万吨，占全国氮氧化物排放总量的 26.5%；集中式污染治理设施氮氧化物排放量 0.3 万吨。

（3）烟（粉）尘排放情况。

2011 年，全国烟（粉）尘排放量 1278.8 万吨。其中，工业烟（粉）尘排放量 1100.9 万吨，占全国烟（粉）尘排放总量的 86.1%；生活烟（粉）尘排放量 114.8 万吨，占全国烟（粉）尘排放总量的 9.0%；机动车颗粒物排放量 62.9 万吨，占全国烟（粉）尘排放总量的 4.9%；集中式污染治理设施烟（粉）尘排放量 0.2 万吨。

（4）各地区废气中主要污染物排放情况。

2011 年，二氧化硫排放量超过 100 万吨的地区依次为山东、河北、内蒙古、山西、河南、辽宁、贵州和江苏，8 个地区的二氧化硫排放量占全国排放

---

① 本节资料来源：《2011 年环境统计年报》，国家环境保护部，2011 年。

量的48.3%。各地区中，山东工业二氧化硫排放量最大，贵州生活二氧化硫排放量最大，浙江集中式污染治理设施二氧化硫排放量最大。

2011年，氮氧化物排放量超过100万吨的地区依次为河北、山东、河南、江苏、内蒙古、广东、山西和辽宁，8个地区氮氧化物排放量占全国氮氧化物排放量的49.7%。工业氮氧化物排放量最大的是山东，生活氮氧化物排放量最大的是黑龙江，机动车氮氧化物排放量最大的是河北，集中式污染治理设施氮氧化物排放量最大的是江苏。

烟（粉）尘排放量超过50万吨的地区依次为河北、山西、山东、内蒙古、辽宁、河南、黑龙江、新疆和江苏，9个地区烟尘排放量占全国烟（粉）尘排放量的55.1%。各地区中，河北工业烟（粉）尘排放量最大，黑龙江生活烟（粉）尘排放量最大，河北机动车颗粒物排放量最大，安徽集中式污染治理设施烟（粉）尘排放量最大。

（5）工业行业废气中主要污染物排放情况。

2011年，在调查统计的41个工业行业中，二氧化硫排放量位于前3的行业依次为电力、热力生产和供应业，黑色金属冶炼及压延加工业，非金属矿物制品业，3个行业共排放二氧化硫1354.3万吨，占重点调查统计工业企业二氧化硫排放总量的71.4%。

2011年，在调查统计的41个工业行业中，氮氧化物排放量位于前3的行业依次为电力、热力生产和供应业，非金属矿物制品业，黑色金属冶炼及压延加工业，3个行业共排放氮氧化物1471.3万吨，占重点调查统计企业氮氧化物排放总量的88.6%。

2011年，在调查统计的41个工业行业中，烟（粉）尘排放量位于前3的行业依次为非金属矿物制品业，电力、热力生产和供应业，黑色金属冶炼及压延加工业，3个行业共排放烟（粉）尘700.9万吨，占重点调查统计企业烟（粉）尘排放量的68.2%。

（6）火电行业主要污染物排放及处理情况。

2011年，纳入重点调查统计范围的电力企业3311家。其中，独立火电厂1828家，自备电厂1483家。

独立火电厂二氧化硫排放量为819万吨，占全国工业二氧化硫排放量的40.6%。独立火电厂二氧化硫排放量大于50万吨的地区依次为山东、山西、内蒙古和贵州，占全国独立火电厂排放量的33.5%。安装3379套脱硫设施，共去除二氧化硫2394万吨，二氧化硫去除率达到74.5%。

独立火电厂氮氧化物排放量为 1073 万吨，占全国工业氮氧化物排放量的 62.0%。氮氧化物排放量大于 50 万吨的地区依次为内蒙古、江苏、山东、河南、河北和山西，占全国独立火电厂排放量的 42.1%。安装了 274 套脱硝设施，共去除氮氧化物 75 万吨，氮氧化物去除率为 6.5%。

3. 大气污染防治技术

大气污染防治技术根据处理对象的不同，可以区分为气态污染物治理技术和颗粒污染物治理技术两大类。气态污染物的治理包括吸收法和吸附法，颗粒污染物治理通俗称为除尘。

（1）吸收法。

吸收是利用气体在液体溶剂中溶解度不同的这一现象，以分离和净化气体混合物的一种技术。这种技术也用于气态污染物的处理，例如从工业废气中去除二氧化硫（SO_2）、氮氧化物（NOx）、硫化氢（H_2S）以及氟化氢（HF）等有害气体。吸收可分为化学吸收和物理吸收两大类。

化学吸收，指被吸收的气体组分和吸收液之间产生明显的化学反应的吸收过程。从废气中去除气态污染物多用化学吸收法，例如用碱液吸收烟气中的 SO_2、用水吸收 NOx 等。

物理吸收，指被吸收的气体组分与吸收液之间不产生明显的化学反应的吸收过程，仅仅是被吸收的气体组分溶解于液体的过程。例如用水吸收醇类和酮类物质。

在吸收法中，选择合适的吸收液至关重要，在对气态污染物的处理中，吸收液是否合适是处理效果好坏的关键。

 延伸阅读

常用气态污染物质的吸收液

a. 水，用于吸收易溶性的有害气体。

b. 碱性吸收液，用于吸收那些能够和碱起化学反应的有害酸性气体，如 SO_2、NO_X、H_2S 等。常用的碱吸收液有氢氧化钠、氢氧化钙、氨水等。

c. 酸性吸收液，一氧化氮（NO）和二氧化氮（NO_2）气体能够在稀硝酸中溶解，而且其溶解度比在水中高得多。

d. 有机吸收液，用于有机废气的吸收，洗油、聚乙醇醚、冷甲醇、二乙

醇胺都可作为吸收液，并能够去除酸性气体，如 H_2S、CO_2 等。目前在工业上常用的吸收设备有表面吸收器、板式塔、喷洒塔、文丘里塔等。

（2）吸附法。

吸附是一种固体表面现象。它是利用多孔性固体吸附剂处理气态污染物，使其中的一种或几种组分，在分子引力或化学键力的作用下，被吸附在固体表面，从而达到分离的目的。吸附处理工艺在处理气态污染物领域也得到了应用。

常用的固体吸附剂有骨炭、硅胶、矾土、沸石、焦炭和活性炭等，其中应用最为广泛的是活性炭。活性炭对广谱污染物具有吸附功能，除 CO、SO_2、NO_x、H_2S（硫化氢）外，还对苯、甲苯、二甲苯、乙醇、乙醚、煤油、汽油、苯乙烯、氯乙烯等物质有吸附功能。

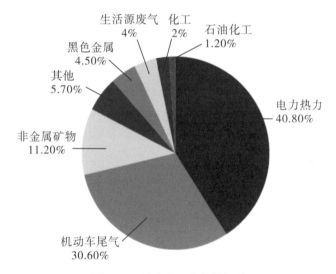

图 2-7　城市港口光化学烟雾

 延伸阅读

光化学烟雾[①]

概念：汽车、工厂等污染源排入大气的碳氢化合物（CH）和氮氧化物（NOx）等一次污染物，在阳光的作用下发生化学反应，生成臭氧（O_3）、醛、

---

① 参见百度百科"光化学烟雾"词条。

酮、酸、过氧乙酰硝酸酯（PAN）等二次污染物，参与此过程的一次污染物和二次污染物的混合物所形成的淡蓝色烟雾现象叫作光化学烟雾。大气中的氮氧化物主要来源于化石燃料的燃烧和植物体的焚烧，以及农田土壤和动物排泄物中的转化。其中，以汽车尾气为主要来源。

光化学烟雾一般发生在大气相对湿度较低、大气温度较低，气温为24℃～32℃的夏季晴天，污染高峰出现在中午或稍后。光化学烟雾是一种循环过程，白天生成，傍晚消失。城市和城郊的光化学氧化剂浓度通常高于乡村，但近几年发现许多乡村地区光化学氧化剂的浓度增高，有时甚至超过城市。这是因为光化学氧化剂的生成不仅包括光化学氧化过程，而且包括一次污染物的扩散输送过程，是两个过程的结果。

主要危害有：损害人和动物的健康。人和动物受到的主要伤害是眼睛和黏膜受刺激、头痛、呼吸障碍、慢性呼吸道疾病恶化、儿童肺功能异常等。

影响植物生长和抗病能力。臭氧影响植物细胞的渗透性，可导致高产作物的高产性能消失，甚至使植物丧失遗传能力。PAN使叶子背面呈银灰色或古铜色，影响植物的生长，降低植物对病虫害的抵抗力。

影响材料质量。光化学烟雾会促成酸雨形成，造成橡胶制品老化、脆裂，使染料褪色、建筑物和机器受腐蚀，并损害油漆涂料、纺织纤维和塑料制品等。

降低大气的能见度。光化学烟雾的重要特征之一是使大气的能见度降低，视程缩短。这主要是由于污染物质在大气中形成的光化学烟雾气溶胶所引起的。这种气溶胶不易因重力作用而沉降，降低了大气的能见度，因而会对汽车与飞机等交通工具的安全运行造成影响。

其他危害。光化学烟雾会加速橡胶制品的老化和龟裂，腐蚀建筑物和衣物，缩短其使用寿命。

4. 大气污染防治之脱硫

通过对国内外脱硫技术以及国内电力行业引进脱硫工艺试点厂情况的分析研究，控制 SO_2 排放的工艺按其在燃烧过程中所处的位置可分为燃烧前、燃烧中和燃烧后三种脱硫工艺。[1]

（1）燃烧前脱硫。

---

[1] 黄振中：《中国大气污染防治技术综述》，《世界科技研究与发展》，2004年第4期。

燃烧前脱硫就是在煤燃烧前把煤中的硫分脱除掉，燃烧前脱硫的技术主要有物理洗选煤法、化学洗选煤法、煤的气化和液化、水煤浆技术等。洗选煤法是采用物理、化学或生物方式对锅炉使用的原煤进行清洗，将煤中的硫部分除掉，使煤得以净化并生产出不同质量、不同规格的产品。

燃烧前脱硫技术中物理洗选煤技术已成熟，应用最广泛、最经济，但只能脱无机硫；化学法脱硫不仅能脱无机硫，也能脱除有机硫，但生产成本昂贵，距工业应用尚有较大距离；煤的气化和液化还有待于进一步研究完善；微生物脱硫技术正在开发；水煤浆是一种新型低污染代油燃料，它既保持了煤炭原有的物理特性，又具有石油一样的流动性和稳定性，被称为液态煤炭产品，市场潜力巨大。煤的燃烧前的脱硫技术尽管还存在着种种问题，但其优点是能同时除去灰分、减轻运输量、减轻锅炉的玷污和磨损、减少电厂灰渣处理量，还可回收部分硫资源。

（2）燃烧中脱硫。

燃烧中脱硫又称炉内脱硫，是在燃烧过程中向炉内加入固硫剂如 $CaCO_3$ 等，使煤中硫分转化成硫酸盐，随炉渣排出。

LIMB 炉内喷钙技术。早在 20 世纪 60 年代末 70 年代初，炉内喷固硫剂脱硫技术的研究工作已开展，但由于脱硫效率低于10%～30%，一度被冷落。但在 1981 年，美国国家环保局 EPA 研究了炉内喷钙多段燃烧降低氮氧化物的脱硫技术，简称 LIMB，并取得了一些经验。Ca/S[①] 在 2 以上时，用石灰石或消石灰作吸收剂，脱硫率分别可达40%和60%，对燃用中、低含硫量的煤的脱硫来说，能满足环保要求。炉内喷钙脱硫工艺简单、投资费用低，适用于老厂的改造。

LIFAC 烟气脱硫工艺。LIFAC 烟气脱硫工艺即在燃煤锅炉内适当温度区喷射石灰石粉，并在锅炉空气预热器后增设活化反应器，用以脱除烟气中的 SO_2。该技术于 1986 年首先投入商业运行。LIFAC 烟气脱硫工艺的脱硫效率一般为60%～85%。加拿大最先进的燃煤电厂 Shand 电站采用 LIFAC 烟气脱硫工艺，其脱硫工艺性能良好，脱硫率和设备可用率都达到了一些成熟的 SO_2 控制技术相当的水平。LIFAC 烟气脱硫工艺投资少、占地面积小、没有废水排放，有利于老电厂改造。

（3）燃烧后脱硫。

---

① Ca/S 即钙与硫的物质的量之比。

燃烧后脱硫又称烟气脱硫（Flue Gas Desulfurization，简称 FGD），燃煤的烟气脱硫技术是当前应用最广、效率最高的脱硫技术。目前世界上采用烟气脱硫系统最多的国家为美国、日本和德国。其中，湿式石灰石—石膏法、喷雾干燥法、炉内喷钙尾部增湿活化（LIFAC 与 LIMB）法、荷电干式喷射脱硫（CD-SI）法是工艺成熟、应用较广的烟气脱硫方法。

干式烟气脱硫工艺。干式烟气脱硫工艺始于 20 世纪 80 年代初，与常规的湿式洗涤工艺相比有以下优点：投资费用较低；脱硫产物呈干态，并和飞灰相混；无须装设除雾器及再热器；设备不易腐蚀，不易发生结垢及堵塞。其缺点是：吸收剂的利用率低于湿式烟气脱硫工艺；用于高硫煤时经济性差；飞灰与脱硫产物相混可能影响综合利用；对干燥过程控制要求很高。可分为喷雾干式烟气脱硫工艺、粉煤灰干式烟气脱硫技术两种。

①喷雾干式烟气脱硫工艺：喷雾干式烟气脱硫（简称干法 FGD）在 20 世纪 70 年代中期得到发展，并在电力工业迅速推广应用。该工艺用雾化的石灰浆液在喷雾干燥塔中与烟气接触，石灰浆液与 SO_2 反应后生成一种干燥的固体反应物，最后连同飞灰一起被除尘器收集。

②粉煤灰干式烟气脱硫技术：日本从 1985 年起，研究利用粉煤灰作为脱硫剂的干式烟气脱硫技术，1991 年年初投运了首台粉煤灰干式脱硫设备。其特点是：脱硫率高达 60% 以上，性能稳定，达到了一般湿式法脱硫性能水平；脱硫剂成本低；用水量少，无须排水处理和排烟再加热，设备总费用比湿式法脱硫低 1/4；煤灰脱硫剂可以复用；没有浆料，维护容易，设备系统简单可靠。

湿法 FGD 工艺。世界各国的湿法烟气脱硫工艺流程、形式和机理大同小异，主要是使用石灰石（$CaCO_3$）、石灰（CaO）或碳酸钠（Na_2CO_3）等浆液作洗涤剂，在反应塔中对烟气进行洗涤，从而除去烟气中的 SO_2。这种工艺已有 50 年的历史，经过不断的改进和完善后，技术比较成熟，而且具有脱硫效率高（90%~98%）、机组容量大、煤种适应性强、运行费用较低和副产品易回收等优点。其主要优点是能广泛地进行商品化开发，且其吸收剂的资源丰富、成本低廉，废渣既可抛弃，也可作为商品石膏回收。目前，石灰/石灰石法是世界上应用最多的一种 FGD 工艺，对高硫煤的脱硫率可在 90% 以上，对低硫煤的脱硫率可在 95% 以上。

传统的石灰/石灰石工艺有其潜在的缺陷，主要表现为设备的积垢、堵塞、腐蚀与磨损。为了解决这些问题，各设备制造厂商采用了各种不同的方法，开发出第二代、第三代石灰/石灰石脱硫工艺系统。

湿法 FGD 工艺较为成熟的还有：氢氧化镁法、氢氧化钠法、美国 Davy Mc-
kee 公司 Wellman – Lord FGD 工艺、氨法等。

等离子体烟气脱硫技术。等离子体烟气脱硫技术研究始于 20 世纪 70 年代，
目前世界上已较大规模开展研究的方法有两类：

①电子束辐照法（EB）。

电子束辐照含有水蒸气的烟气时，会使烟气中的分子如 O_2、H_2O 等处于激
发态、离子或裂解，产生强氧化性的自由基 O、OH、HO_2 和 O_3（臭氧）等。
这些自由基对烟气中的 SO_2 和 NO_x 进行氧化，分别变成 SO_3 和 NO_2 或相应的
酸。在有氨存在的情况下，生成较稳定的硫铵和硫硝铵固体，它们被除尘器捕
集下来而达到脱硫脱硝的目的。

②脉冲电晕法（PPCP）。

脉冲电晕放电脱硫脱硝的基本原理和电子束辐照脱硫脱硝的基本原理基本
一致，世界上许多国家进行了大量的实验研究，并且进行了较大规模的中间试
验，但仍然有许多问题有待研究解决。

5. 大气污染防治之脱硝

目前火电厂应用的脱硝手段有三种：低氮燃烧脱硝、选择性催化还原法
（SCR）脱硝和非选择性催化还原法（SNCR）脱硝。低氮燃烧脱硝是在燃烧过

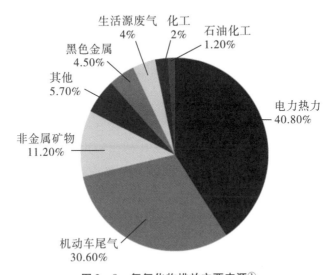

图 2 – 8　氮氧化物排放主要来源①

① 数据来源：《中国环境监测 2008》。

程中控制氮氧化物的产生，也称前端脱硝；SCR 和 SNCR 是对燃烧锅炉排放的尾气脱硝，净化尾气中的氮氧化物，也称后端脱硝。

NOx 排放控制技术大致可分为三类：一是通过燃烧技术的改进减少 NOx 的产生；二是从烟气中将 NOx 除去，减少 NOx 的排放；三是 SOx/NOx[①] 的联合脱除技术。

通过燃烧技术改进减少 NOx 的产生的方法，包括（1）低氧燃烧法，使燃烧在尽可能接近理论空气量的条件下进行；（2）降低燃烧温度，采用两段燃烧，使燃烧分阶段完成；（3）改变燃烧装置结构，降低燃烧室热强度，加长燃料与空气的混合过程；（4）采用烟气再循环，让一部分温度较低的烟气与燃烧用空气混合，增大烟气体积和降低氧气的分压，使燃烧温度降低；（5）乳浊燃料燃烧，在油中混入一定数量的水，制成乳浊燃料燃烧，可降低燃烧温度，改善燃烧效率；（6）浓淡燃烧法，装有两只或两只以上燃烧器的锅炉，一部分燃烧器供给所需空气量的35%，其余部分供给较多的空气；（7）采用低 NOx 燃烧器，使用各种不同结构的燃烧器，如混合促进型、自身再循环型等燃烧器等。（8）低 NOx 高温空气燃烧技术。该技术将传统的低 NOx 燃烧技术与蓄热式燃烧系统有机地结合起来，蓄热式燃烧系统，不仅最大限度回收烟气的余热，提高助燃用空气温度，而且为燃气低氧燃烧过程的着火，燃烧的稳定性提供了保障，可大幅度降低 NOx 的排放。

燃烧后 NOx 排放控制技术有：（1）湿法烟气脱氮技术，按照所选用吸收剂的不同，该法又可分为水吸收法、酸吸收法、碱性溶液吸收法、盐吸收法等。（2）干法烟气脱氮技术，主要包括非选择性催化还原法、选择性催化还原法、吸附法、电子束辐照法等。[②]

SOx/NOx 的联合脱除技术中，一类技术是在省煤器后喷入钙基吸着剂脱除 SO2，在布袋除尘器的滤袋中悬浮有 SCR 催化剂并在气体进布袋除尘器前喷入 NH3 以去除 NOx；另一类技术是以 SCF（降膜冷凝脱尘工艺）去除 NOx，SO2 催化氧化为 SO3（三氧化硫），在降膜冷凝中与凝结水合为硫酸；第三类 SOx/NOx 联合脱除技术是利用吸附剂同时脱除 SOx 和 NOx；第四类技术是类似的干法可再生工艺，其吸附剂为钠浸渍型 Al2O3，SO2 和 NOx 在 120℃ 的流化床中

---

① SOx/NOx 指硫氧化物和氮氧化物的联合脱尘技术。

② 吴双应、阮登芳、李友荣、卢啸风：NOx 排放控制技术进展及评价，《工业加热》2003 年第 3期。

与吸附剂反应生成复杂的 S－N 化合物，反应产物在 620℃下加热释放 NOx，又用甲烷和蒸汽处理使释放出 SO2 和 H2S 而得以再生；第五类是炉内和烟道喷吸着剂技术，它也可同时脱除 SOx 和 NOx。[①]

发达国家在脱氮方面目前主要采取在大型燃煤锅炉上安装低氮燃烧器，使氮氧化物排放降低 40％左右。环保标准严格的日本和德国还要求在大型燃煤锅炉上装设烟气脱氮装置。

6. 大气污染防治之除尘

（1）颗粒污染物的分类。

大气中的烟尘主要是由于固体燃料（煤）的燃烧产生的。我们根据烟尘（颗粒污染物组成）的特性，可以将其分为粉尘、烟和雾三种类型。

（2）颗粒污染物的去除方法及设备。

去除大气中颗粒污染物的方法很多，根据它的作用原理，可以分为下列四种类型：

干法去除颗粒污染物。指通过颗粒本身的重力和离心力，使气体中的颗粒污染沉降，而从气体中去除的方法，如重力除尘、惯性除尘和离心除尘。常用的设备有重力沉降室、惯性除尘器和旋风除尘器等。

湿法去除颗粒污染物。指用水或其他液体使颗粒湿润而加以捕集去除的方法，如气体洗涤、泡沫除尘等。常用的设备有喷雾塔、填料塔、泡沫除尘器、文丘里洗涤器等。

图 2－9　静电除尘设备

---

① 黄振中：中国大气污染防治技术综述，《世界科技研究与发展》2004 年第 2 期。

过滤法去除颗粒污染物。指使含有颗粒污染物的气体通过具有很多毛细孔的滤料，而将颗粒污染物截留下来的方法，如填充层过滤、布袋过滤等。常用的设备有颗粒层过滤器和袋式过滤器。

静电法去除颗粒污染物。指使含有颗粒污染物的气体通过高压电场，在电场力的作用下，使其去除的过程。常用的设备有干式静电除尘器和湿式静电除尘器。

选择哪一种方法去除颗粒污染物，主要从颗粒污染物的粒径大小和数量以及操作费用等方面来考虑。一般情况下，较大颗粒（数十微米以上）宜于采用干法，而细小颗粒（数微米）则以采用过滤法和静电法为宜。

三、垃圾处理

1. 内涵

垃圾是人类日常生活和生产中产生的固体废弃物，由于排出量大，成分复杂多样，给处理和利用带来困难，如不能及时处理或处理不当，就会污染环境，影响环境卫生。垃圾处理就是要把垃圾迅速清除，并进行无害化处理，最后加以合理的利用。垃圾处理的目的是无害化、资源化和减量化。

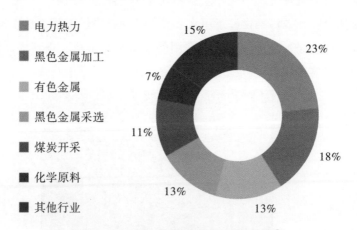

图 2-10 2008 年我国固体废弃物结构①

2. 我国固体废弃物排放情况

2011 年，全国一般工业固体废物产生量 32.3 亿吨，一般工业固体废物综合利用量 19.5 亿吨，一般工业固体废物贮存量 6.0 亿吨，一般工业固体废物处

① 数据来源：根据《中国统计年鉴（2009）》整理。

置量 7.0 亿吨，一般工业固体废物倾倒丢弃量 0.04 亿吨。

2011 年，全国工业固体废物综合利用率为 59.9%。天津、上海、江苏、山东和浙江等地区工业固体废物综合利用率高于 90%。

2011 年，工业固体废物倾倒丢弃量超过 20 万吨的地区有云南、新疆、山西、贵州和重庆，5 个地区的工业固体废物排放量占全国工业固体废物倾倒丢弃量的 78.4%。

2011 年，一般工业固体废物倾倒丢弃量超过 50 万吨的行业依次为煤炭开采和洗选业、有色金属矿采选业、黑色金属矿采选业。3 个行业的一般工业固体废物倾倒丢弃量占统计工业行业固体废物倾倒丢弃总量的 71.0%。

2011 年，全国工业危险废物产生量 3431.2 万吨，工业危险废物综合利用量 1773.1 万吨，工业危险废物贮存量 823.7 万吨，工业危险废物处置量 916.5 万吨，工业危险废物倾倒丢弃量 0.01 万吨。全国工业危险废物综合利用处置率达到 76.5%。[①]

3. 产业链

垃圾处理业涉及从"源头"到"末端"全过程的垃圾处理，涉及有用垃圾的加工处理和无用垃圾的处置，涉及垃圾衍生品的开发利用，不仅包括现有垃圾的处理，还包括源头垃圾性质和产量的控制。垃圾处理产业链包括：垃圾处理设备产业体系、垃圾处理作业体系以及市场推广与服务体系、支撑体系。作业体系包括排放权交易、资源回收与二次原料开发利用和无用垃圾填埋处置。这种闭环式垃圾处理产业链，遵循"垃圾减量、物质利用、能量利用和最终处置"的优先顺序，均衡发展垃圾分类收集、分类处理和填埋处置，并将垃圾管理责任延伸到生产领域，最大可能地使废物回到经济循环并少产垃圾。

4. 主要产品

垃圾处理产业的产品主要有三大类：物质资源、环境资源和垃圾处理服务。物质资源的初生态就是未经处理或加工的回收物质，高级形态是二次原料（包括二次能源）；环境资源主要指自然、人文和生态环境的环境容量资源，垃圾处理产业通过对垃圾无害化、资源化和减量化处理，减少了排入环境的污染物量，亦即减少了对环境容量的占用，为生产和消费持续发展提供了可能；垃圾处理服务由包括解决公众投诉在内的管理和作业等一系列活动组成，垃圾处

---

① 国家环保部：《2011 年环境统计年报》。

理产业通过提供垃圾处理服务带给公众良好环境的享受。[①]

5. 处理方法及发展趋势

目前国内外广泛采用的城市生活垃圾处理方式主要有卫生填埋、高温堆肥和焚烧等，这三种主要垃圾处理方式的比例，因地理环境、垃圾成分、经济发展水平等因素不同而有所区别。

由于城市垃圾成分复杂，并受经济发展水平、能源结构、自然条件及传统习惯等因素的影响，所以国外对城市垃圾的处理一般是随国情的不同而不同，往往一个国家的各地区也会采用不同的处理方式，很难有统一的模式。但最终都是以无害化、资源化、减量化为处理目标。

从应用技术看，国外主要在填埋、焚烧、堆肥、综合利用等方面机械化程度较高，且形成系统及成套设备。从国外多种处理方式的情况看，有以下趋势：①工业发达国家由于能源、土地资源日益紧张，焚烧处理比例逐渐增多；②填埋法作为垃圾的最终处置手段一直占有较大比例；③农业型的发展中国家大多数以堆肥为主；④其他一些新技术，如热解法、填海、堆山造景等技术，正不断取得进展。

知识链接

垃圾辐射处理[②]

垃圾辐射处理是指用 γ 射线和电子束照射城市固体废物，以达到杀菌、消毒作用的一种无害化处理方法。

污水处理厂排出的污泥等废弃物内含有大量病菌、病毒、寄生虫卵等病原体，活力很强，采用普通加温或投加石灰等杀菌方法难以完全杀灭。这些固体废物作为肥料施于农田，有些病菌能在土壤中生存数月之久，造成土壤和水源污染，威胁人类和牲畜的健康。

20 世纪 70 年代初，农业领域在应用放射性技术的基础上形成"废物辐射处理"新技术。目前欧洲农业核技术学会（ESNA）已成立"废品辐射处理组"。1977 年在瑞典召开了第二次国际"废物辐射"会议。

---

① 华玉宝：《简析我国城市垃圾处理的产业发展》，《民营科技》，2010 年第 5 期。
② 参见百度百科"城市垃圾辐射处理"词条。

废物辐射处理方法比之化学、生物以及发酵处理法有许多优点，它的设备简单，操作方便，用泵或其他传送工具把废物送进辐射处理设备，经放射线照射后即可达到杀菌目的，而且放射线穿透力强，杀菌较彻底。污泥经过照射，颗粒还会由小变大，从而使污泥具有良好的脱水和沉淀性能。

美国和德意志联邦共和国建有这种处理厂。美国设在波士顿鹿岛的污泥辐射处理厂，日处理量为 375 立方米。在进行辐射处理时，只要把辐射源密封好，如放置在壁厚为 1.5 米的混凝土或其他贮器内，以及辐射剂量不超过上述安全值，就不会产生放射性污染，不存在消除放射性吸收量的后处理问题。

（1）焚烧。

焚烧是目前世界各国广泛采用的城市垃圾处理技术，大型的配备有热能回收与利用装置的垃圾焚烧处理系统，由于顺应了回收能源的要求，正逐渐上升为焚烧处理的主流。国外工业发达国家，特别是日本和西欧，普遍致力于推进垃圾焚烧技术的应用。国外焚烧技术的广泛应用，除得益于经济发达、投资力强、垃圾热值高外，主要在于焚烧工艺和设备的成熟、先进。世界上许多著名的公司投入力量开发焚烧技术与设备，且主要设备与附属装置定型配套。目前国外工业发达国家主要致力于改进原有的各种焚烧装置及开发新型焚烧炉，使之朝着高效、节能、低造价、低污染的方向发展，自动化程度越来越高。

（2）填埋。

填埋是大量消纳城市生活垃圾的有效方法，也是所有垃圾处理工艺剩余物的最终处理方法，目前，我国普遍采用直接填埋法。所谓直接填埋法，是将垃圾填入已预备好的坑中盖上压实，使其发生生物、物理、化学变化，分解有机物，达到减量化和无害化的目的。填埋处理方法是一种最通用的垃圾处理方法，它的最大特点是处理费用低、方法简单，但容易造成地下水资源的二次污染。随着城市垃圾量的增加，靠近城市的适用的填埋场地愈来愈少，开辟远距离填埋场地又大大增加了垃圾排放费用，这样高昂的费用甚至无法承受。

（3）堆肥

将生活垃圾堆积成堆，保温至70℃储存、发酵，借助垃圾中微生物分解的能力，将有机物分解成无机养分。经过堆肥处理后，生活垃圾变成卫生无味的腐殖质。既解决垃圾的出路，又可达到再资源化的目的，但是生活垃圾堆肥量大，养分含量低，长期使用易造成土壤板结和地下水质变坏，所以，堆肥的规模不易太大。

(4) 资源化法

垃圾的资源化法就是通过物理、化学、生物等方法从垃圾中或其他处理过程中回收有用物质和能源，将废物变无用为有用，变有害为有利，变一用为多用。垃圾的资源化包括物质回收、物质转换和能源转换等方式。通过垃圾资源化，可减少垃圾的运输量，减少填埋土地的占用，降低环境污染的影响，对提高人们的工作环境和生活居住区的环境质量。实现垃圾资源化首先要对垃圾进行分类收集。在分类收集的基础上，对垃圾进行分类处理，实现物尽其用。可直接回收利用垃圾，如将塑料、废纸、金属、玻璃、橡胶、废电池等分类回收，送往专业生产厂或处理厂回收利用；可燃垃圾入焚烧厂焚烧，发电或供热；不可燃无机垃圾，可进行填海造田、堆山造景、筑路填坑或卫生填埋等处理。[①]

表2-2 四种垃圾处理方法的比较

方式	填埋法	焚烧法	堆肥法	资源化法
选址	较难，一般远离市区10公里以上，要考虑水文、地质、气候条件	较易，可靠近市区，但应避免主导上风	较易，可在市郊，但需避开住宅密集区	较易，可利用原有填埋场
占地	大，按容积和使用年限计算	小，$90 \sim 120 m^2/t$	小，$180 \sim 330 \ m^2/t$	小
适用条件	使用范围广泛，对垃圾成分无严格要求	垃圾热值要大于$3347 \sim 3766K/kg$	垃圾中有机质含量不低于20%～40%	垃圾中有机质含量不低于20%
工艺	简单，管理方便	设备复杂	季节性运行	工艺先进
最终处理	无	残渣需填埋处理	非堆肥物需作填埋处理	无
资源利用	分类回收部分废品；填埋气收集	发电、供热	作农肥；分类回收部分废品；	全部利用

---

① 杨永乐、乐毅全、吴仁勇：活垃圾资源化产业发展研究，同济大学学报（社会科学版），2001年第3期。

（续表）

方式	填埋法	焚烧法	堆肥法	资源化法
大气污染	较大	较大	较小	无
水污染	较大	可能性较小	可能性较小	无
成本	较小	较大	中等	中等

资料来源：欧阳培：城市生活垃圾处理现状与处理方式比较研究，《再生资源研究》2007 年第 4 期。

 **延伸阅读**

垃圾发电厂①

垃圾发电是把各种垃圾收集后，进行分类处理。其中：一是对燃烧值较高的进行高温焚烧（也彻底消灭了病源性生物和腐蚀性有机物），在高温焚烧（产生的烟雾经过处理）中产生的热能转化为高温蒸汽，推动涡轮机转动，使发电机产生电能。二是对不能燃烧的有机物进行发酵、厌氧处理，最后干燥脱硫，产生一种气体叫甲烷，也叫沼气。再经燃烧，把热能转化为蒸汽，推动涡轮机转动，带动发电机产生电能。

从 20 世纪 70 年代起，一些发达国家便着手运用焚烧垃圾产生的热量进行发电。欧美一些国家建起了垃圾电站，美国某垃圾发电站的发电能力高达 100 兆瓦，每天处理垃圾 60 万吨。现在，德国的垃圾发电厂每年要花费巨资从国外进口垃圾。据统计，目前全球已有各种类型的垃圾处理工厂近千家，预计 3 年内，各种垃圾综合利用工厂将增至 3000 家以上。科学家测算，垃圾中的二次能源如有机可燃物等，所含的热值高，焚烧 2 吨垃圾产生的热量相当于 1 吨煤。如果我国能将垃圾充分有效地用于发电，每年将节省煤炭 5000 万吨 ~ 6000 万吨，其"资源效益"极为可观。

主要设备有机械炉排焚烧炉、流化床焚烧炉、CAO 焚烧炉、脉冲抛式炉排焚烧炉等几种。

垃圾发电之所以发展较慢，主要是受一些技术或工艺问题的制约，比如发

---

① 参见百度百科"垃圾发电"词条。

电时燃烧产生的剧毒废气长期得不到有效解决。日本去年推广一种超级垃圾发电技术，其采用新型气熔炉，将炉温升到500℃，发电效率也由过去的10%提高为25%左右，有毒废气排放量降为0.5%以内，低于国际规定标准。当然，现在垃圾发电的成本仍然比传统的火力发电高。专家认为，随着垃圾回收、处理、运输、综合利用等各环节技术的不断发展，工艺日益科学先进，垃圾发电方式很有可能成为最经济的发电技术之一，从长远效益和综合指标看，将优于传统的电力生产。我国的垃圾发电刚刚起步，但前景乐观。

案例分析：德国垃圾处理的系统化发展①

德国的垃圾处理体系，以其设计的周密性和运作的高效性而领先世界。早在 1972 年，德国就通过了首部《废物避免产生和废物管理法》，开始对垃圾进行环保有效的处理。这一法律实施后的一个明显效果就是德国垃圾填埋场数量的锐减。与此同时，垃圾焚化工厂、垃圾机械及生物预处理工厂等专门处理工业废物的工厂得到迅猛发展。

自 20 世纪 80 年代中期以来，德国废物处理管理机构的管理理念为：减低，循环与再利用。生产商和经销商必须按照这一原则对其产品进行设计，从而减低废物的产生，并且确保产品生产和使用过程中产生的残余物质能够得到环保循环再利用。20 世纪 90 年代中期，德国实施了《物质封闭循环与废弃物管理法》，这项法律要求，除了已经实现的金属、纺织物以及纸制品的回收外，其他可循环使用的材料也必须在进行分类收集后重新进入经济循环。

闭合式循环管理系统是德国垃圾处理系统的一大特色。顾名思义，就是在生产和消费过程中，任何生产商和经销商必须在对产品流通过程中产生的垃圾通过严格的预处理进行分类，将可回收的垃圾进行循环和再利用，最终将剩余的无法被回收的垃圾进行环境无害处理。整个垃圾处理的流程呈现出一个闭合的循环圈。

闭合循环系统管理的发展需要强有力的技术支持。一方面，新技术可以减少生产和消费过程中材料与能源的使用；另一方面，一旦这些产品已经到了它们的预期寿命，垃圾处理工厂的技术需要保证废物中包含的有用材料能够被有效地回收或再次能源化。比如，在厌氧环境下从有机废物中造出的沼气，能够转化成足够的能源供工厂和居民楼使用。目前，德国已经开发出先进的垃圾分

---

① 李莉：德国垃圾处理的系统化发展，《环境保护与循环经济》，2009（5）。

类、预处理、回收以及安全处理技术，并实现了技术的商业化利用。这些技术可以保证相当部分的垃圾能够得到回收再利用，从而使有限的资源得到高效的利用，使最后进行填埋处理的垃圾量达到最低点。

四、土壤污染修复

土壤是生物和人类赖以生存的重要环境。随着经济的发展、工业化的推进，土壤污染问题日益严峻。据环境保护部和国土资源部 2014 年 4 月公布的《全国土壤污染状况调查公报》显示，全国土壤污染超标率为 16.1%，其中轻微、轻度、中度和重度污染点位比例分别为 11.2%、2.3%、1.5% 和 1.1%。其中，耕地土壤的点位超标率为 19.4%，轻微、轻度、中度和重度污染点位比例分别为 13.7%、2.8%、1.8% 和 1.1%，主要污染物为镉、镍、铜、砷、汞、滴滴涕和多环芳烃。显而易见，我国土壤污染问题严重，尤其是关系到粮食安全的农用耕地，问题更是不能小视。土壤污染的危害可与大气污染和水污染并列，但是在立法方面，我国在土壤污染防治的立法上则相对于大气污染和水污染显得滞后，这也在一定程度上阻碍了土壤修复行业的发展。目前我国已经有《中华人民共和国水污染防治法》《中华人民共和国大气污染防治法》《中华人民共和国固体废物污染环境防治法》完备出台，而与土壤污染有关的规章仅有 2011 年的《重金属污染综合防治"十二五"规划》以及 2012 年年初发布的《国家环境保护"十二五"规划》中提出的要加强土壤环境保护，加强重金属等重点领域环境风险防控，遏制重金属污染事件的高发态势。不过，目前土壤立法方面已经有所进展。2014 年 8 月，环保部自然生态保护司在北京组织召开土壤修复企业座谈会，相关负责人表示，环保部正抓紧组织起草土壤环境保护法，据估计，我国的土壤环境保护法有望在 2017 年前出台，到时土壤修复产业将迎来质变。

土壤污染物分为四类：①传统化学污染物，包括无机污染物和有机污染物两类。无机污染物包括 Hg、Cd、Pb、As 和 Cr 等重金属。有机污染物包括滴滴涕、六六六、狄氏剂、艾氏剂等化学农药。②物理性污染物，主要指来自工厂矿山的固体废弃物。③生物性污染物，指的是带有各种病菌的城市垃圾和城市医院等卫生机构排出的废水废物。④放射性污染物，主要是核原料开采、大气层核爆炸地区和核电站的运转，以 Sr 和 Cs 等在土壤环境中半减期长的放射性元素为主。在上述众多污染种类中，以化学污染物最为普遍严重。

土壤污染的修复技术包括化学修复、动物修复、微生物修复、植物修复等，以下分别介绍各种修复方法的具体内容。

（1）化学修复。

土壤污染的化学修复就是向土壤投入化学改良剂，通过其与污染物发生一定的化学反应，使污染物被降解、毒性被去除或降低的修复技术。

对于重金属的化学修复改良剂有石灰、沸石、碳酸钙、磷酸盐、硅酸盐和促进还原作用的有机物质，不同改良剂对重金属的作用机理不同。通过施用石灰或碳酸钙来提高土壤 pH 值，促使土壤中 Cd、Cu、Hg、Zn 等元素形成氢氧化物或碳酸盐结合态盐类沉淀。

对于有机性污染物，如油类、有机溶剂、多环芳烃、PCP、农药以及非水溶态氯化物（如三氯乙烯、TCE）等，主要是通过氧化等反应来溶解在土壤中难以降解的污染物。常用的氧化剂有 H_2O_2、$K_2M_nO_4$ 和气态 O_3。

（2）动物修复。

动物修复是利用土壤中某些低等动物（如蚯蚓和鼠类等）能吸收土壤中重金属这一特性，通过习居土壤动物或投放高富集动物对土壤重金属的吸收和转移，后采用电击、灌水等方法从土壤中驱赶出这些动物集中处理，从而降低土壤中重金属质量分数的方法。爱尔兰的研究发现，蚯蚓可以摄取土壤中的重金属，在肠道内通过生理学反应转化为金属的离子形式，进而转化成植物可以吸收利用的形式。蚯蚓可以吸收蓄积汞、铅、铜、锰、钙、铁等元素，并且对镉和锌也有着极高的吸收能力。此外，蚯蚓还可以通过食物介质蓄积或降解有机氯杀虫剂和多环芳烃的残留物。可以说，蚯蚓是动物修复土壤污染模式的首选。此外，国内也有学者研究发现腐生波豆虫和梅氏扁豆虫对 Pb 具有很高的吸收能力。目前，动物修复技术的缺陷是其不能处理高浓度重金属污染土壤。

（3）微生物修复。

微生物修复是利用活性微生物对重金属吸附或转化为低毒产物，从而降低重金属污染程度的一种修复技术。这种生物修复技术已在农药或石油污染土壤中得到应用。用于修复的菌种主要有细菌、真菌和放线菌等。研究发现，微生物能氧化土壤中多种重金属元素，一些自养细菌如硫—铁杆菌类能氧化 As^{3+}、Cu^+、Mo^{4+}、Fe^{2+} 等。恶臭假单胞菌在 Hg 的修复中能使 89% 的 Hg 得到挥发。从小香蒲（Typha latifolia）根际中分离出的一些菌株能固定土壤中的 Cu 和 Cd，降低它们在土壤中的可交换态含量。微生物修复的缺陷是由于微生物个体微小，难以从土壤中分离，会存在与修复土壤中的土著菌株竞争的问题。

（4）植物修复。

植物修复技术是利用植物来转移、容纳或者转化环境介质中的有毒有害污染物，实现对污染物的无害化处理，进而使污染土壤得到修复与治理。根据其作用原理，植物修复的技术包括植物固定、植物挥发和植物提取。植物固定是利用具有重金属耐性的植物降低土壤中有毒金属的移动性，从而降低重金属通过地下水等途径进入食物链的可能。植物挥发是利用植物根系吸收重金属，然后将其转化为气态物质挥发到大气中，以降低土壤污染。研究表明，在 Se 和 Hg 污染的土壤中种植芥菜和烟草，可使土壤中的 Se 和 Hg 通过挥发的形式得以有效去除。植物提取是利用植物从土壤中吸收一种或几种重金属污染物，并将其转移、贮存到地上部分，随后收割地上部分进行集中处理，从而达到去除土壤重金属的目的。如桦树、杨树和云杉对于 Zn 具有很强的富集吸收能力，而杨梅、小叶杨和银杏则对 Pb 有着很强的富集吸收能力。

五、全球气候变化

在过去的 1000 年，地球平均温度变动范围小于 0.7 度。在未来的 100 年，如不采取措施，与工业化前相比，温度将升高到 5 度，从而对人类的生存、发展产生严重危害。

为了把大气中的温室气体浓度稳定在一定的水平，从而限制人类对气候系统的危险干扰，1992 年，195 个缔约方通过了《联合国气候变化框架公约》（简称《气候公约》），以期开展合作，共同审议如何采取行动，限制全球平均温度升高以及由此产生的气候变化，并应对不可避免的影响。

到 1995 年，各国开始进行谈判，以加强全球应对气候变化的措施，于 1997 年通过了《京都议定书》。《京都议定书》对签署的发达国家规定了具有约束力的减排目标。1997 年，《京都议定书》已经在世界上几个工业化国家帮助稳定、若干情况下减少了温室气体的排放。然而，《京都议定书》规定的减少排放目标只适用于 36 个工业化国家组成的集团，而且只涵盖全球温室气体排放的一部分。该议定书的首个承诺期限到 2012 年止。

2007 年 12 月，在印度尼西亚巴厘举行的联合国气候变化会议上，187 个国家一致同意继续进行谈判，以期加强国际努力，处理全球变暖问题。这次会议通过的《巴厘行动计划》涉及加强全球应对气候变化的四个关键组成部分：减排、适应、技术和筹资。

2009 年 12 月，114 个国家通过了《哥本哈根协议》，这项协议规定发展中国家和发达国家都必须进行减排，还必须建立筹资机制来支持发展中国家的减排努力。

在墨西哥坎昆举行的联合国气候变化会议于2010年12月11日结束,会议通过了平衡的一揽子决定,使各国政府能够更加坚定不移地做出努力,在今后实现减排,包括支持在发展中国家对气候变化问题采取更加强有力的行动,需要制定新的全球气候变化协议。

到目前为止,大多数发达国家宣布了2020年的中期减排目标,但这些目标大多远远低于气候专委会关于到2020年比1990年减少25%~40%的范围,若要将升温限制在2℃之下,就必须实现这一减排目标。

应对气候变化,基本上有两种做法:减少排放导致该问题的气体,采取措施让人们和社区来应对气候变化的影响。

减排包括能源利用效率的提高、可再生能源的发展、碳捕获与碳封存技术等。表2-3列出了我国的低碳技术路线图。

表2-3 我国的低碳技术路线图

时间	第一阶段 2010—2020年	第二阶段 2021—2035年	第三阶段 2036—2050年	远期 2051年以后
能源供应	水力发电	风力发电	氢能规模利用	
	第一代生物质利用技术	薄膜光伏电池	高效储能技术	核聚变
	超临界发电	太阳能热发电	超导电力技术	海洋能发电
	IGCC	电厂CCS	新概念光伏电池	天然气水合物
	单/多/非晶硅光伏电池	分布式电网耦合技术	深层地热工程化	
	第二代和第三代核电	第四代核电		
交通	燃油汽车节能技术	高能量密度动力电池	燃料电池汽车	
	混合动力汽车	电动汽车	第二代生物燃料	第三代生物燃料
	新型轨道交通	生物质液体燃料		

（续表）

时间	第一阶段 2010—2020 年	第二阶段 2021—2035 年	第三阶段 2036—2050 年	远期 2051 年以后
建筑	热泵技术			
	围护结构保温			
	太阳能热利用	新概念低碳建筑	新概念低碳建筑	新概念低碳建筑
	区域热电联供			
	LED 照明技术			
	采暖空调、采光通风系统节能			
工业	工业热电联产	工业 CCS	工业 CCS	工业 CCS
	重点生产工艺节能技术	先进材料	先进材料	先进材料
	工业余热、余压、余能利用			

资料来源：中科院能源领域战略研究组，2009；中国发展低碳经济途径研究课题组，2009；国家技术前瞻课题组，2008。

管理气候变化的危机。减排措施就是要处理气候变化的原因，适应措施的重点则是处理气候变化的影响。适应是指采取政策和做法来应对气候变化的影响，因为现在人们已经认识到无法完全避免这种影响。各部门都有种种适应的办法：扩大雨水收集、蓄水、节约水。农业：调整种植日期和作物品种，作物搬迁。基础设施（包括沿海地区）：建立湿地，作为对海平面上升和洪水的缓冲。能源：使用可再生能源，提高能源效率。

加强应变能力。世界各国，包括高收入国家都需要加强应变能力。《京都议定书》与《联合国气候变化框架公约》一样，其目的都是协助各国适应气候变化的不利影响，特别是通过促进开发和采用有助于加强应变能力的技术。

在设计基础设施（例如加拿大的联邦大桥以及美国和荷兰沿海地区的管理）时已经考虑到海平面上升的问题。

其他适应措施实例包括尼泊尔 TshoRolpa 冰川湖的部分排水系统、加拿大努纳武特地区因纽特人应对冻土层融化的生计战略变化，以及欧洲、澳大利亚和北美滑雪产业增加人工造雪等。

 **延伸阅读**

碳关税

1. 由来。碳关税，这个概念最早由法国前总统希拉克提出，用意是希望欧盟国家针对未遵守《京都协定书》的国家课征商品进口税，否则在欧盟碳排放交易机制运行后，欧盟国家所生产的商品将遭受不公平之竞争，特别是境内的钢铁业及高耗能产业。2009 年 7 月 4 日，中国政府明确表示反对碳关税。碳关税是指对高耗能产品进口征收特别的二氧化碳排放关税。美国借"环境保护"的名义推行"碳关税"，主要目的还是为了削弱竞争对手的竞争力，实行贸易保护主义。碳关税目前在世界上并没有征收范例，但是欧洲的瑞典、丹麦、意大利，以及加拿大的不列颠和魁北克在本国范围内征收碳关税。

2. 主要影响。从中国对美贸易的总体情况来看，美国"碳关税"的征收，无论是出口还是进口均将产生负面影响，比较而言，对美出口的影响要略大于进口的影响。出口方面，据测算，若征收 30 美元/吨的碳关税，将会使得中国对美国出口总额下降近 1.7%，当碳关税上升为 60 美元/吨时，下降幅度增长为 2.6% 以上；进口方面，据测算，若征收 30 美元/吨的碳关税，将会使得中国对美国进口下降 1.57%，当碳关税上升为 60 美元/吨时，下降幅度增长为 2.59%。除去直接影响产业发展外，美国对华征收碳关税还将对中国就业、劳动报酬以及居民福利造成负面效应。

3. 如何应对。

(1) 转变外贸增长方式，推动中国绿色贸易发展。

"碳关税"问题、能源瓶颈及减排压力，都要求我国必须转变外贸经济增长方式，走绿色贸易发展之路。目前我国已取消"两高一资"产品出口退税，有的还要加征出口税，引导这些外贸产业向"低碳"方向发展。

(2) 国内开征碳税，建立绿色政策法规体系。

我国可以考虑在国内开征碳税，同时实施相应的绿色税收、绿色信贷等配套措施，最终形成一个绿色政策法规体系。

(3) 积极开展"环境外交"，利用 CDM 机制争取节能减排资金和技术。

我国应当积极开展"环境外交"，推动和参与制定国际碳排放量参照标准的国际谈判，发挥发展中大国的协调作用，通过清洁发展机制（CDM）争取到发达国家的资金和技术。

（4）坚决反对欧美国家开征"碳关税"，实行贸易保护主义。

目前，发达国家已将本国高污染、高排放的工业转移到发展中国家，现在发达国家想通过"碳关税"让发展中国家承担碳减排责任是不合适的，违背了《联合国气候变化框架公约》及《京都议定书》确定的"共同但有区别的责任"的原则，事实上成为贸易保护主义的新借口，严重损害发展中国家的利益。

第三章 全球环保产业发展趋势及经验借鉴

一、世界环保产业发展概况

1. 环保产业发展历程

世界环保产业的产生可追溯到 20 世纪 60 年代中期。其发展阶段难以简单划分，因为环保产业的内部发展是不平衡的，世界各地环保产业的发展也是不平衡的，但大致可以分为三个阶段。

阶段一：20 世纪 60 年代中期至 70 年代中期。

20 世纪 60 年代中期以前，西方工业发达国家由于排放的工业污染大量进入自然环境，相继发生了多起震惊世界的公害事件。工业发展给人类带来的副作用逐渐被人们所认识，一些科技人员在从事工业科技研究的同时，开始投入环境问题的研究和探索，为环境科学、环保产业的发展做出了具有历史性的奠基工作。

进入 20 世纪 60 年代中期后，工业化国家的工业迅猛发展，原油、煤炭大量用于工业生产，加剧了环境的恶化，环境问题日益严重。迫于环境的压力，工业化国家从立法、管理、环保、工程等方面开始实施污染全面控制。从 60 年代中期到 70 年代中期这 10 年间，工业发达国家在污染控制方面的投入大幅增加，污染控制技术与装备也有了长足的进步，环保工业体系基本形成，环保市场有了一定规模。

阶段二：20 世纪 70 年代末期至 80 年代末期。

20 世纪 70 年代后期，环保产业的发展进入快速发展阶段，发达国家的环保产业由主要为控制污染服务转变为为建立清洁、舒适、优美环境提供物质和技术保障的新阶段，环保技术在继承以往研究成果的基础上，不断推陈出新，污染防治新技术、新产品层出不穷，并由控制技术向保护自然生态环境和自然资源领域拓展。

这一阶段，大型国际企业逐渐向环保产业渗透。当时环保产业还局限于污水处理处置、大气污染控制和治理、固体废物处理、填埋和焚烧、噪声控制等方面。随着核电站泄漏、臭氧层的损耗、跨国界的酸雨，以及气候等一系列环境问题被人类广泛认识，一些有远见的国家和跨国企业开始投入大量资金用于环保产业的发展。比如，德国的电厂脱硫脱氮技术，荷兰的清洁煤利用技术，欧洲和美国的核环保设施、环保汽车、二氧化碳替代技术等均领先于世界水平。这些企业界巨头凭借其雄厚的环保优势，在各自的行业中占据明显的竞争优势，甚至是统治地位。

阶段三：20 世纪 90 年代至今。

1990 年以来，发达国家将水污染防治技术的重点延伸到清洁技术、工业循环用水、城市污水再利用、高浓度有机废水处理，以及废水资源化等方面。在水处理单元设备方面也有进步，如萃取技术，甚至于分馏塔所用的喷料结构、材质上都有很大进展。

这一时期世界环保产业的技术体系及水平趋于成熟，标准化、系列化、配套化程度高；服务体系发展快，在整个环保产业体系中，环境服务从业人员和产值超过环保设备制造业居主导地位，世界环保产业进入稳定发展时期。其中，发展中国家的环保产业处于快速增长期。

2. 环保产业发展现状

从全球范围来看，环保产业经过 40 多年的发展，其产业规模和产业结构都在不断优化和完善。发达国家的环保产业逐步走向成熟化，环保产品、环保服务业朝向市场化、多元化、科技化发展，环境服务体系逐步完善，形成了完整的产业链；而发展中国家，由于工业化和城市化的相对落后，环保产业发展迟缓，但随着近年环保意识的增强，其环保产业的市场需求逐渐扩大，正渐渐成为全球环保产业发展的新阵地。

（1）产业规模与增长。

在环保意识普及且广受重视的今日，环保产业充满蓬勃商机，成为发展最快的朝阳产业之一。20 世纪 90 年代以来，世界各国越来越重视环境问题，大力推广清洁生产技术，环保产品和服务的市场规模越来越大。任何一个产业的发展都必须考虑环境保护问题，而环保技术又以直接或间接的方式融合到每个产业的发展之中。当前全球环保产业贸易额在国际贸易各类商品的排名中已上升到第4位，仅排在信息产品、石油和汽车之后。在发达国家，环保产业已成为国民经济的支柱产业。

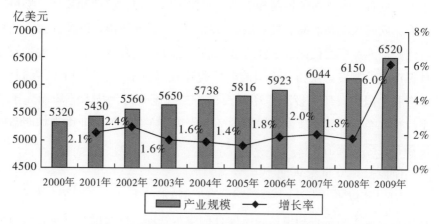

图3-1 2000—2009年全球环保产业规模与增长①

近10年来，全球环保产业保持了稳定增长。世界环保产业规模不断扩大，而发达国家就占据了约90%的市场（欧盟占85%，其余为美国与日本）。2000—2009年工业化国家及日本环保产业规模每年增长2%~4%，而亚洲及拉丁美洲国家增长5%~7%。随着环境问题越来越被关注，环保概念不断升温，各国政府加大产业扶持力度，环保产业在2009年冲出全球经济低谷，获得了相对快速增长，全球环保产业规模达到6520亿美元，同比增速远高于全球经济发展，环保产业已成为全球经济的重要组成部分。2011年全球环保市场比上年增长4%，达到了8660亿美元的市场规模，远高于同期全球GDP的增长率。

世界环保市场增长快（年增长约5%），市场分割状况正在发生变化，美国、加拿大、德国、法国、英国、日本等发达国家是全球环保产业的主导国家，占据了国际市场大部分份额，而进入21世纪后发展中国家的市场重要性增加。发达国家的环保产业经过多年的发展，已经趋于成熟饱和，国内市场规模增长开始逐步放缓；而发展中国家市场仍维持着高速增长，市场增速一直在10%以上。尤其是以中国、印度为代表的发展中国家，在环境治理和新能源等

---

① 华经万信研究院：《2011—2015年中国环保产业深度调研与投资战略决策研究报告》，2011。

领域出现了巨大投资和高速成长，推进了全球环保产业的较快增长。

（2）产业结构。

2009 年的数据显示全球环保市场规模达到 6520 亿美元，其中环保服务产业规模仍占据半壁江山，达到 46.3%；环保设备产业规模较上年略有下降，比重达到 23.4%；资源利用产业有较大增长，比重达到 30.3%。环保市场整体呈现三足鼎立态势。就具体业务领域而言，固体废弃物清理、废水处理工程、供水设施、可再生能源利用等领域规模较大。2011 年这个格局仍没有发生根本性变化。2011 年固体废弃物处理占全球环保市场的 40%，水处理占 38.5%，两者合计占整个环保市场的 80% 左右。

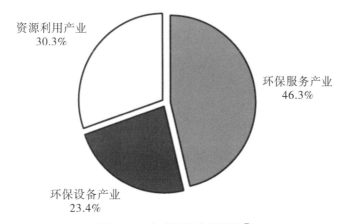

图 3-2　全球环保产业结构①

表 3-1　全球环保产业结构

	2008/2009 销售额（亿美元）	2009/2010 销售额（亿美元）	2008/2009 公司数量	2009/2010 公司数量	2008/2009 从业人数	2009/2010 从业人数
大气污染	28486	28901	59162	58771	345571	366525
受污染土地的复垦与整治	27272	27845	57255	56878	328902	354351
环境咨询及相关服务	24129	24518	48953	48911	285967	308760
环境监测、仪器以及分析	4471	4536	9700	8869	54702	57640
海洋污染控制	3611	3673	7844	6774	44222	46616

① 华经万信研究院：《2011—2015 年中国环保产业深度调研与投资战略决策研究报告》，2011。

（续表）

	2008/2009 销售额 （亿美元）	2009/2010 销售额 （亿美元）	2008/2009 公司数量	2009/2010 公司数量	2008/2009 从业人数	2009/2010 从业人数
噪声控制	6566	6619	14620	14104	80253	85197
回收及循环再造	190796	194708	391813	402589	2246899	2427324
废弃物管理	145593	146633	293328	305513	1707323	1861876
供水与废水处理	241814	244732	503207	517658	2899652	3125200

资料来源：LCEGS 产业分析，2010。

（3）环保产业发展的地区结构。

在地域分布上，全球环保产业仍主要由发达国家主导。目前，以美国、日本、加拿大、德国、法国、西班牙等为代表的发达国家占有全球 2/3 的市场份额。2009 年北美地区环保产业收入约占全球总收入的 37%，排名世界第一；欧洲约占 29%，亚洲上升到 27%；拉丁美洲、大洋洲、非洲的比重较小，总计约为 7%。进入 21 世纪以来，由于发达国家环保产业增长速度有所放缓，同时发展中国家，尤其是日本以外的亚洲地区的环保市场成长迅速，逐渐改变了全球环保产业格局。全球环保产业在地域上已经形成了北美、欧洲、亚洲三足鼎立的局面。

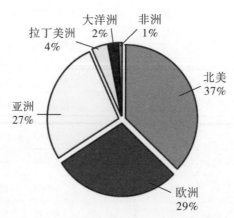

图 3-3　2009 年全球环保产业产值分布①

尽管美国在全球环保产业中所占的比例将会有所下降，但根据未来产业发

---

① 数据来源：《2011—2015 年中国环保产业深度调研与投资战略决策研究报告》。

展的趋势预测，其霸主地位估计在 2020 年前仍无法撼动。由于日本和欧盟国家环保产业持续发展，全球市场占有率一直保持领先。同时，除日本之外的亚洲地区环保产业在未来的 5 年中将会有快速的发展，以中国为代表的亚洲地区将成为未来环保产业发展的最热点地区，环保产业规模在全球市场份额的比重将不断上升。

当前，世界环保市场重点向发展中国家转移。就产品和服务的流向来看，全球环保产品和服务的主要出口者和进口者集中在美国、西欧和日本，而除日本以外的亚洲其他地区、拉丁美洲、中东欧、中东和非洲等地区则是环保产品的进口地区。相较于亚洲庞大的环保市场，尤其是在水务市场、固体废弃物处理市场，该地区的环保产业还是远远不能满足需求。因此，环保产业无疑是 21 世纪亚洲极富时代性和前景性的朝阳产业。

 **延伸阅读**

生态产业

概念：所谓生态产业，就是通过组织、制度和技术层面上的创新，使企业、地区乃至国家的生产体系具有越来越显著的生态特征，以满足经济、社会和生态协调发展的要求。生态产业是以生态学和经济学为指导，基于生态系统承载力，应用生态经济方法，突出全生命周期等概念，模拟生态系统而建立的产业体系。生态产业用系统和整体的观点组合产业内部结构，使所有物质在循环中得到持久的利用，从而使生产活动对生态与环境的负面影响持续地减少的产业运行方式。

发展特征：集群化、融合化和生态化。其中，集群化旨在开展企业和产业的合作，融合化旨在开展产业互补，生态化旨在实现生产的循环和生产与消费的循环。

具体内容：在宏观层次上制定生态产业发展战略以及相应的法律、法规和政策，确立国家发展目标和企业行为规范；在中观层次上建设生态产业园区，打造企业或产业集群化、融合化和生态化的平台；在微观层次上开展生态技术创新和推广应用的管理，使每项任务都细化为具体的行动。生态产业的发展是从生态农业开始的。生态产业的核心，是构建一个基于"被利用资源能持续成为再生资源"的生态工业体系。

二、全球环保产业发展新态势

1. 设备制造逐渐向发展中国家转移

环保设备产业是以防治污染、改善生态环境、促进资源优化配置、确保资源永续利用为目的而发展起来的，在机械工业中最富活力的新兴产业。环保设备产业的发展规模与一国的经济发展水平基本上呈现正相关关系。目前，世界环保产品市场主要集中在发达国家，环保产品外贸的主要出口国也集中在发达国家。但近年来，发展中国家的环保产品市场增长率高于发达国家，世界环保产品市场将大幅度地向发展中国家转移。

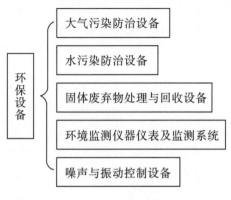

图 3 - 4　环保设备

伴随着全球第三次大规模的产业转移浪潮，越来越多的环保设备制造厂商选择将设备制造环节安置在发展中国家。与此同时，发展中国家对环境保护的认识日益加深，大规模环境治理工程的开展造成环保设备需求不断扩大。发达国家渐趋饱和的国内市场，和发展中国家新兴市场的日益成长，加快了全球环保设备产业向发展中国家的转移。

2. 终端治理产品依然占据市场需求热点

水处理和大气污染控制等终端治理产品是当前环保产业的热点产品。尽管清洁生产、可再生能源、节能减排等新兴领域近来成为全球环保产业的主要研究方向，但作为环保产业最核心业务领域的终端治理，仍旧是当今全球市场需求的热点，而在其中，水处理和大气污染控制设备与产品的需求增长较快。拉丁美洲和环太平洋地区国家是水处理市场增长的重要地区，这些国家快速增长的人口和工业生产水平强烈地刺激了水处理设备的需求，特别是电子元件制造业、化工业、纸浆和造纸业、金属制造业将是需求的主要拉动产业。而发达国家的市场由于适应新标准的需要，增长潜力也不容忽视。主要包括以下几类环保设备产品：电除尘器（ESP）、选择性催化还原系统设备（SCR）、选择性非催化还原系统设备（SNCR）、低氮焚烧炉设备（LNB）、烟气脱硫系统设备（FGD）、尾气净化系统设备（TGS）、实时废气监控系统设备（CEMs），这些产品的更新需求主要产生于美国和欧洲国家。

能源需求的大幅度增长，引发了发展中国家对于石油冶炼、火力发电等领域的大规模投资和推动。全球的石油冶炼能力仍在不断扩大，尤其是中东、亚太地区和中南美洲的炼油能力在 2020 年前仍将会大幅度增长，并进而拉动相应地区对空气污染防治设备的需求。以中国为典型代表的火力发电国家，更是面临着"经济发展—电能需求—火力发电—煤炭供应"这一能源生产过程中所引发的环境污染问题，从而带动了脱硫设备、除尘设备、净化设备、监控系统等产品的市场。

3. 技术与标准成为产业竞争新方向

环保技术研发和环保标准设定成为环保产业突出的竞争内容。随着世界范围的经济增长和对自然资源需求增长的压力，现有的技术不再能够保障实现可持续发展。一些以占领世界环保产品市场为目的，以争夺环保技术制高点为中心的国际竞争已拉开序幕。发达国家一直鼓励并不断地进行技术创新，通过不断进步的环保技术，不仅能够降低人类活动对环境的影响，也能够保持全球竞争的领先地位。欧洲委员会 2004 年 1 月 28 日制订的环境技术行动计划（Environmental Technologies Action Plan，ETAP），通过建立技术平台和测试网络，提出吸引更多的私有和公共投资用于环境技术的开发和示范应用，鼓励创新工艺，将发明创造从实验室带到市场。

在环保产品的设计、生产和资源回收上，不少国家推出新的标准。这不仅是为了制约生产厂商，更主要的是为了改善本国环境，避免浪费环保投资，同时节省大量有用资源。1994 年后，国际贸易开始与"环保标准"结合起来，环保标准已被视为国际贸易往来的一种筹码，在许多情况下它可变成新的贸易壁垒而加以利用。实际上，美国、欧盟和日本都扩大了以保护环境为由的禁止进口的商品品种，或者将进口产品的环保标准修订得更为严格。显然，取得环保技术优势的国家，正在迫使贸易伙伴国接受他们的新标准和采用由他们提供的环保技术。在这种情况下，工业化国家常常可以利用环保技术和标准优势获得更多向外扩张的机会。

4. 政府以及民间环保意识不断增强

近年来全球环保产业快速发展的重要原因之一，是世界各国对环保产业的投资增长较快。据统计，1995 年之后的 10 年时间内，发达国家用于环保治理的费用年均递增 14.5%，同期私人企业用于发展环保产品和服务的投资年均递增 18.5%。进入 21 世纪之后，发展中国家对于环保产业的投资也开始进入一个增长的新时期。尽管受到 2008 年全面爆发的全球金融危机影响，环保产业投资增速略有下滑，但由于各国政府及民间对于环境保护与治理、新能源开发等的关注力度正不断升温和加大，全球环保产业的发展在近两年仍获得了足够的投入与发展。

按照 2007 年在巴厘岛联合国气候变化大会上确立的"巴厘路线图"，在 2009 年年底的哥本哈根联合国气候变化大会上，国际社会就 2012 年年后如何应对气候变化达成新协议。在此之前的八国集团峰会、联合国气候变化峰会、"气候门"事件、多达 5 次的气候变化谈判等一系列事件和会议，引发了全球媒体和民众的强烈关注和热议，从而有效带动了环保理念及相关产业的普及发展。

政府以及民间环保意识的不断增强，使得环保产业未来仍将呈现出较快的增长势头。

表 3-2　未来全球环保市场的增长率

	2012/2013	2013/2014	2014/2015	2015/2016	2016/2017
环境保护	3.1	3.2	3.3	3.4	3.6
低碳	4.3	4.5	4.7	4.8	5.0
可再生能源	5.0	5.2	5.3	5.5	5.7
大气污染	2.2	2.2	2.3	2.4	2.5
受污染土地的复垦与整治	3.0	3.1	3.2	3.2	3.4
环境咨询及相关服务	3.6	3.5	3.6	3.8	4.0
环境监测、仪器以及分析	3.6	3.8	3.8	4.0	4.0
海洋污染控制	4.0	4.1	4.2	4.5	4.6
噪声控制	4.2	4.4	4.5	4.6	4.8

（续表）

	2012/2013	2013/2014	2014/2015	2015/2016	2016/2017
回收及循环再造	3.8	4.0	4.2	4.3	4.8
废弃物管理	3.0	3.0	3.2	3.3	3.5
供水与废水处理	1.9	2.0	2.0	2.1	2.2

　　资料来源：LCEGS 产业分析，2010。

 **延伸阅读**

巴厘岛路线图

　　2007 年 12 月 3～15 日，世人瞩目的联合国气候变化大会在印度尼西亚巴厘岛召开，来自《联合国气候变化框架公约》的 192 个缔约方以及《京都议定书》176 个缔约方的 1.1 万名代表参加了此次大会。据悉，这也是联合国历史上规模最大的气候变化大会。会议原定 14 日结束，但美国与欧盟、发达国家与发展中国家之间由于立场上的重大差异展开了激烈交锋，会期被迫延长 1 天，为期 13 天的会议最终通过了"巴厘岛路线图"。

　　联合国气候变化大会最终艰难地达成了"巴厘岛路线图"。该路线图为 2009 年年前应对气候变化谈判的关键议题确立了明确议程，要求发达国家在 2020 年年前将温室气体减排 25%～40%。"巴厘岛路线图"为全球进一步迈向低碳经济起到了积极的作用，具有里程碑的意义。会议结束后，一些媒体兴奋地将"巴厘岛路线图"称为"遏制全球气候变暖，拯救地球的路标"。"巴厘岛路线图"还确定了一些支持性的行动。例如，缔约方大会通过了一项减少发展中国家因森林砍伐而造成的温室气体排放的决议。该决议可能推动一项关于森林问题的国际法律文书的谈判和出台。《联合国气候变化框架公约》秘书处执行秘书伊沃·德博埃尔 2007 年 12 月 2 日在巴厘岛呼吁，参加本次联合国气候变化大会的各方应展现出"政治意愿"，制定指导今后有关谈判的"巴厘岛路线图"。

　　5. 低碳经济成为环保产业发展又一推动力

　　联合国环境规划署在 2009 年 4 月发布的《全球绿色新政政策概要》报告中呼吁各国领导人实施绿色新政，将全球 GDP 的 1%（约 7500 亿美元）投入可再生能源等五大关键领域。

2009 年 7 月 15 日，英国政府公布了《低碳转型发展规划》，首次将二氧化碳量化减排指标进行预算式控制和管理，确定"碳预算"指标，并分解落实到各领域，标志着英国政府正主导经济向低碳转型。日本不但要发展低碳经济，更提出了构建"低碳社会"的构想。2008 年 7 月，日本内阁通过了《建设低碳社会的行动计划》并向全社会公布；2009 年 4 月，日本环境省又公布了名为《绿色经济与社会变革》的政策草案，提出九大举措建设低碳社会。欧盟委员会也建议欧盟在未来 10 年内增加 500 亿欧元发展低碳技术，以应对气候变化和能源供应安全方面的挑战，保持欧盟的经济竞争力。同时，一些发达国家已经开始征收碳关税，对全球环保产业产生了深远的影响。美国众议院于 2009 年 6 月 22 日通过的《限量及交易法案》和 6 月 26 日通过的《清洁能源安全法案》，均授权美国政府可以对包括中国在内的不实施碳减排限额国家的进口产品征收碳关税；法国总理菲永 9 月 2 日宣布，法国将从 2010 年 1 月 1 日起开征二氧化碳排放税，征税标准初步定为每吨二氧化碳 14 欧元。碳关税的诞生，将对全球贸易、环境产生深远的影响，成为环保产业发展的又一重要动力。

知识链接

低碳经济

所谓低碳经济，是指在可持续发展理念指导下，通过技术创新、制度创新、产业转型、新能源开发等多种手段，尽可能地减少煤炭石油等高碳能源消耗，减少温室气体排放，达到经济社会发展与生态环境保护双赢的一种经济发展形态。

在气候变化和金融危机的双重背景下，发展以低能耗、低污染、低排放为标志的"低碳经济"，不仅成为世界各国的共同选择，也被认为是人类社会继原始文明、农业文明、工业文明之后走向生态文明的重要途径。

三、发达国家环保产业发展的特点

发达国家的环保产业兴起于 20 世纪 70 年代，由于环境状况的恶化、人们环保意识的增强以及政府对环境管制的严格化，环保产业获得了高速的发展。经过数十年的努力，环境状况明显改善，环保产业进入技术成熟期，成为国民经济的支柱产业之一。①

1. 环保产业规模大、发展迅速

经过 40 多年的快速发展，发达国家环保产业的产值已占国内生产总值的 10%～20%，介于风头正劲的制药业和信息业之间，高于计算机行业，并且它还以高于 GNP 增长率 1～2 倍的速度发展着，环保业在国民经济中所占的份额不断上升。从环保企业发展规模看，正向着综合化、大型化、集团化方向发展，其企业形式大致可以分为三类：

（1）国际性跨国公司。

这类公司具有雄厚的经济实力和技术实力，集科研、设计、制造、安装于一体，具有悠久的发展历史。如美国的艾利斯—查默斯公司成立于 1947 年，制造各种机械和环保设备，在加拿大、澳大利亚、英国、法国等 14 个国家设立分公司，在美国 500 家最大制造商中名列前茅；英国的波特尔斯水处理—沸石有限公司拥有 5 家英国公司和 22 家海外公司，有 25 万名雇员从事环保领域的第一流国际性承包业务；日本久保田铁工株式会社建于 1930 年，下设 5 个部门，资产达 617.7 亿日元，雇员 1.76 万人，在美国、英国等国设 6 个海外事务所。此外，还有 IU 国际公司、美国弗赖式喷丸清理公司、日本三菱公司、法国的德格拉蒙公司、德国的派色凡公司等上百家企业都属于跨国公司。

（2）大型垄断企业的分部或子公司。

这类企业涉及面广、技术比较全面、适应能力强，具有很强的竞争优势，既可为石油、化工、冶金、造船等设备配套提供环保设备，又可提供单项服务，是环保设备领域的主要力量。如美国的燃烧公司、道氏化学公司，日本的千代田化工建设株式会社、三菱重工，德国的鲁奇公司、克虏伯公司等。

（3）中小型专门化公司。

这类企业量大、面广，以生产单一的名牌产品为主，同时可通过协作网组合后提供成套设备。企业专业性强，技术先进，具有很强的市场竞争力。如日本的粟田工业公司，专门提供工业废水处理装置、上下水道设备、环境卫生设备等；美国的布鲁勒污染控制系统公司，在焚烧固体废物、废液处理等方面经

① 张长江：《发达国家：环保产业进入成熟期》，《宁波经济》，2009 年第 2 期。

验丰富；英国的约翰·马瑟化学公司，专门生产空气污染控制设备及节能催化装置。

2. 环保技术与产品高科技化

发达国家的环保技术正向深度化、尖端化方面发展，产品不断向普及化、标准化、成套化、系列化方向发展。目前，新材料技术、新能源技术、生物工程技术正源源不断地被引进环保产业。

（1）大气污染控制技术和设备。

大气污染控制技术主要分为除尘技术、脱硫脱氮技术、废弃有害物质去除及脱臭技术等几个方面。

发达国家的除尘装置正逐渐引入现代电子技术，电除尘装置的开发正在向脉冲电荷技术发展。目前在各类除尘器中，旋风除尘器已能清除 10～100 微米的粉末，出现了斜底板、扭底板等；袋式除尘器的发展不只限于解决过滤器的堵塞问题，而是使用寿命长、维护费用少的适用技术和机械，滤布开发的重点是在高温下耐酸碱、强度好的材料，如目前正在使用的玻璃纤维毛毡、聚四氟乙烯纤维、不锈钢纤维等材料。为了提高对微粒的控制和捕集高比电阻的粉尘，日本开发了超高压宽间距除尘器、双区电除尘器；美国则应用蒸汽除尘器、三电极板电除尘器、带屏蔽网电除尘器等。除此之外，一些新的除尘技术正处在研究和试验阶段，如声波辅助青灰、微粒凝聚技术、高压蒸汽喷射、带电湿式除尘和复合式除尘等，这些新技术将为传统的除尘器领域注入新的活力。

脱硫脱氮技术和设备主要用于电力工业。其中，烟气脱硫技术用于集中燃烧高硫煤的电厂，主要包括湿式烟气脱硫、干式烟气脱硫、喷雾式烟气脱硫及流化床燃烧脱硫等，这些技术可以获得90%以上的 SO_2 去除率，使发电效率提高30%以上。在脱氮技术方面，日本和欧洲普遍采用选择性催化还原系统（SCR），其氮氧化物去除率已达60%～80%；美国则采用选择非催化还原系统（SNCR）的最新改进系统，使氮氧化物去除率提高到80%。但同时减少氮氧化物和 SO_2 的先进技术尚处于研究阶段。

废弃有害物质去除技术及设备主要包括通过湿式、干式吸附装置去除城市废弃物焚烧炉排放的有害物质，如硫化物、氮化物、重金属及有机化合物。

（2）水污染控制技术和设备。

发达国家的水处理设备品种繁多、技术性能稳定，已具备成套化、标准化、自动化的优势。水处理设备主要包括工业废水处理设备、城市废水处理设备、粪便处理设备和污水处理设备。

工业废水处理技术和设备包括物理法、化学法、生化法和物化法。其中，物理法技术和设备历史悠久，由于高科技产品的应用，其技术仍具生命力。英国开发研制的超滤设备被世界各国广泛应用于造纸、食品等工业的废水及深度处理中；日本大忘造纸公司已建成世界上最大的超滤废水处理装置；美国大约有 10 个反渗滤和超滤系统用于核工厂。生化法处理技术近年来也有新发展，如美国杜邦公司开发研制的活性污泥—粉末活性碳法用于城市污水处理，由于其氮、磷去除率高而被美国环保局加以推广。

城市污水处理技术和设备基本与工业废水相似。发达国家对城市污水大多采用建立污水处理厂集中处理的方法，城市污水处理率普遍达到 60% 以上，城市污水处理厂普及率达 90% 以上。

（3）固体废弃物处理技术和设备。

固体废弃物主要包括工业废弃物和城市垃圾，发达国家主要采用减量化、资源化和无害化技术进行处理。工业废弃物的处理方法主要有回收、填埋、焚烧、中间储存和国外处置等。随着对固体废弃物立法和管理制度的不断加强，发达国家普遍把研究和技术开发置于优先地位，首先尽量减少废弃物的发生量，其次对产生的废弃物加以充分循环利用，最后才是处理或处置。

目前，发达国家主要采用卫生填埋法、堆肥法和焚烧法来处理城市垃圾，甚至建立垃圾发电厂。如日本对生活垃圾的分类与收集时间有明确规定，垃圾大致分为五类：资源类、可燃类、不可燃类、有毒类和大型垃圾类。在治理"白色污染"方面，发达国家除了严格立法以禁止或限制使用一次性塑料制品之外，主要依靠高新技术开发光降解塑料、全生物降解塑料和光/生物双解塑料。另外，通过遗传工程培育植物塑料技术有望取得突破性进展。

3. 环保市场竞争激烈

发达国家早在 20 世纪 70 年代就形成了以污染控制设备为主体的环保市场，并一直稳定发展，近年来由于绿色产品的行销，环保市场出现持续增长的势头。目前，世界环保设备和服务市场仍是以美、日、欧洲等发达国家和地区为主体。据统计，目前，全世界环保市场达到 6200 多亿美元/年，其中美国和加拿大约占 2300 多亿美元/年，日本和欧洲占 2100 多亿美元/年，其他国家占 1800 多亿美元/年，并且世界环保市场近两年以每年 5% 以上的速度增长。

由于发达国家环保技术相近，因此环保市场竞争异常激烈。美国的脱硫、脱氮技术，日本的除尘、垃圾处理技术，德国的污水处理技术，在世界上遥遥领先。在无氟制冷技术方面，美国和欧洲展开了争夺，日本和欧洲在资源回收上进行角逐。

发展中国家的环境技术明显落后，其环境市场也成了发达国家争夺的对象。发达国家纷纷采取措施，鼓励环保技术的出口。美国环保产品享受出口免税、出口信贷优惠，并有专门部门负责环保产品的全球促销；日本政府也提出"绿色地球百年行动计划"，积极扶持其环保产业；德国历届政府都把环境领域置于优先发展的地位。一些国家如荷兰、澳大利亚、意大利等在环境技术上都拥有各自的优势。在争夺国外市场的同时，发达国家不断以"环境标准"设立新的贸易壁垒。美国、欧盟都扩大了以保护环境为由的禁止进口的品种，或者将进口产品的环境质量标准修订得更加严格。德国、法国、荷兰等国已率先提出对进口的纺织品染料必须进行不含偶氮物质的检验的要求。

四、发达国家环保产业发展经验及政策借鉴

1. 主要经验

（1）发达国家日益严格的环境法规和环境标准，把环保装备工业的技术水平推向了更高的境界，也为环保装备工业的迅速成长提供了法律保障。

（2）发达国家有一套严密的管理体系和刺激环保工业发展的具体政策。政府管宏观、管执法，很多事情由协会组织实施，并有职、有权、有责、有经费支持。

（3）环保装备工业的发展紧紧依靠科学技术。注重基础技术研究，重点发展应用技术，技术更新速度快，攻克了不少难题。

（4）采用先进制造技术，严格工艺管理，保证产品质量、可靠性和先进性。

（5）发达国家的环保装备工业形成了设计、研究开发、生产制造、工程承包、销售维修服务一体化的运行体系。

（6）发展外向型环保装备工业，鼓励环保产品和技术出口，积极参与国际市场竞争。

（7）任何一个国家的环保装备工业都是世界环保装备工业的组成部分，需要开展广泛的国际合作，提高环保装备工业的整体水平。发展中国家可以借鉴

发达国家的经验，在高起点上推动本国环保装备工业的发展。①

2. 政策借鉴

环境产业正逐渐成为发达国家的支柱产业。其环保产业的发展得到政府立法和政策的有力扶持，直接或间接地支持本国环保产业的发展，通过舆论导向、资金保障、内外政策协调，为大力发展本国的环保产业创造良好的外部条件。从国际发达国家的发展历程来看，环保产业对国家政策有很强的依赖性，因此，有必要借鉴发达国家环境产业政策及其发展经验来促进我国环境产业的快速发展。

（1）加强政府的主导作用，为环境产业持续发展提供保障。

在市场经济条件下，政府、企业和个人之间合理的环境事权分配应该是：政府承担组织实施公共环境基础设施建设、跨地区的污染综合治理与监督；企业承担投资经营风险（包括环境风险），个人和居民按照"使用者付费原则"，在可操作实施的情况下有偿使用或购买环境公共用品或设施服务；公共环境设施的建设与运营可以契约方式实行部分政府权转移，按照市场规则运作。因此，在我国当前情况下，需要进一步强化政府作用，为环境产业的发展提供法律和制度保障。

（2）改革环境税费制度，建立合理的环境产业投入产出机制。

环境产业"谁污染谁治理"的原则本身以及操作上的缺陷，给政府造成巨大的财政压力。强化自然资源的环境可持续发展意识，继续深化并加快排污收费、资源定价的改革，特别是能源价格和水价，增强价格以及税费对需求的响应。排污收费的改革应恰当地反映"污染者负担""受益者（使用者）付费"的环境补偿原则。同时，应注意到排污收费在生产、生活、消费领域的不平衡性，进行与环境相关的财政预算系统的探索，建立环境产业投入产出与成本核算方法，完善用来实现环境目标的财务手段。

（3）制定有利于环境产业发展的投融资政策，引导资金投入。

环境产业投资收益的稳定性和可持续性具有较强的集聚力，但其投资周期长、高风险，成为社会资金流向环境产业的障碍，需要采取实际步骤引导社会资金的投入。具体行动有：①对环保项目进行贷款贴息补偿和提供融资便利；②减免环保产业企业税收负担，如营业税、所得税、固定资产投资方向调节税

---

① 王莉、赵庚科：《发达国家环境产业政策对我国的启示》，《人文杂志》，2007 年第 2 期。

等；③政府引导设立环境产业投资基金，鼓励环境技术创新和高新技术产业化；④制定灵活的环境产业融资政策，放宽准入门槛，鼓励企业债券、项目融资（BOT、股票等）、企业上市、信托投资等多种融资方式；⑤吸引国际投资，制定鼓励外国资本进入中国环境产业资本市场和金融市场的特别政策，使其成为疏通我国环境产业投融资管道可利用的方法。

（4）鼓励支持技术创新，完善环境产业市场体系。

加强环境产业技术创新。借鉴发达国家的经验，培育和发展以企业为主体的产业技术创新体系。政府有关部门应该引导科技投向环境产业重点领域，运用项目机制实现"产、学、研"资源共聚的优势，帮助环境保护企业实行品牌战略，从产品设计和加工制造工艺方面提升产品质量。规范环境产业市场，加强对市场的监督管理，遏制来自各方面的干扰。通过国家宏观调控、市场竞争以及高新适用技术改造、提高等手段，建立起一批大型环境保护骨干企业，带动中、小企业提高产品质量与性能，推动环境产业的健康、持续、快速发展。

案例分析一：日本的静脉产业[①]

根据循环经济理念把产业部门划分成动脉产业和静脉产业是日本的首创。静脉产业（Venous Industry）一词最早是由日本学者提出来的。他们认为：在循环经济体系中，根据物质流向的不同，可以分为不同的过程：从原料开采到生产、流通、消费过程和从生产或消费后的废弃物排放到废弃物的收集运输、分解分类、资源化或最终废弃处理过程。

日本的静脉产业内容非常广泛，主要包括：容器包装的再利用产业、废旧家电再生利用产业、建筑材料的再生利用产业、食品再生利用产业、汽车再生利用产业，以及与上述废弃物在利用相关联的回收、运输和再生技术等产业。在上述产业领域，做得比较好的是废旧家电再生利用产业。日本主要通过法律的形式对废旧物品回收、再利用做出要求和规定。具体包括：

生产企业/进口企业：要求生产企业回收自己制造或进口的产品，对回收的场所也有义务进行合理安排，并且必须对回收的废旧电器进行废弃物再生利用。

零售企业：有义务回收自己过去销售的，或在顾客新购买时要求回收的废旧电器，并且要将回收的废旧电器交给生产企业/进口企业或指定的拆解企业。

---

① 徐波、吕颖：《日本发展静脉产业的措施及启示》，《现代日本经济》，2007（2）。

市、镇、村：要将回收的废旧电器交给生产企业/进口企业指定的拆解企业，或自行对回收的废旧电器进行再生利用。

消费者：必须将废旧电器交给零售商，同时负担回收、运输、再生利用的费用。

静脉产业是日本建设循环型社会的重点，是 21 世纪最有发展前途的产业。根据日兴研究中心的研究，日本的环境产业可分为三大类：保全型环境产业、服务型环境产业和循环利用型环境产业即静脉产业。在这些环境产业中，静脉产业占有重要的位置。日本环境省估计，2010 年全日本静脉产业的产值达到 67 万亿日元，从业人数将达到 170 万人。2007 年全日本静脉产业的产值为 48 万亿日元，从业人数达 136 万人。日本循环经济市场规模不断扩大，根据循环型社会基本计划，预计到 2020 年，日本循环经济市场规模和雇佣规模将达到 2007 年的 2 倍。

日本静脉产业从萌芽阶段到成熟阶段仅仅经历了 20 多年的时间，之所以能够快速发展，成为日本经济发展的主导产业，与日本健全而有力的推进措施是分不开的。为推进静脉产业的发展，日本整个社会，从政府到产业层面，再到各个企业以及全体国民，都为静脉产业的发展提供了动力。尤其是日本制定了较为严密的政策体系、法律法规、经济政策、技术支持等，成为日本静脉产业快速、健康发展的充分必要条件。

案例分析二：瑞典的固体废弃物回收机制①

瑞典国土面积 45 万平方公里，人口 700 多万，其汽车、钢铁、化工、电子产业十分发达，环保产业的发展也位居世界前列。瑞典是世界上最早认识到环境污染问题，并制定相应的环保法规的国家之一。瑞典早在 1964 年即颁布了第一部环境保护法，并在 1967 年就成立了国家环境保护局，1990 年又升格为环境保护部，正式进入政府内阁，环境保护在整个国家经济发展中的重要性得到了进一步的巩固和提升。对环保的重视与严格的立法让瑞典的环保产业有了长足的进步与发展，瑞典的环保技术以及环保政策在当今世界都居于领先水平。

为了缓解工业和居民在生产使用商品后随意丢弃废旧的产品和包装所造成的环境污染问题，瑞典早在 1994 年就首创了"生产者责任制"。包装物的生产

---

① 谢同银：《瑞典的废弃物回收机制》，《资源再生》，2008（6）。

者和进口商必须负责对包装物进行合理的回收和再利用。这一法令对于生产特殊产品（包装盒、轮胎、纸张）的生产商要求其负责回收、处理自己的产品。因此，这些商品的生产、进口和销售商必须成立专门的回收部门来回收消费后的废弃包装产品。10 多年来，生产者负责回收物的范围不断扩大，从最初的产品包装、轮胎和废纸，扩展到汽车和电器产品，再扩展到办公用纸、农业塑料和废旧电池等。

对于那些没有能力组建回收再利用体系的企业，瑞典成立了专门机构，如REPA（生产者责任制登记公司），使它们可以加入这些机构并交纳会费，让机构代为履行生产者责任制的义务。不同行当包装物的生产者也可以联合成立物资公司，专职废旧包装物的收集、运输和循环利用。通过这种方式，政府部门彻底从废旧物品的管理和运营体系中抽出身来，监督好法律的执行就可以了。这一制度以法律规范和经济激励的手段实现了垃圾减量化，并促进了废物回收产业的发展。

瑞典的废弃物回收包括以下几个回收点：

（1）家庭生活垃圾收集点：一般公寓楼按单元设有垃圾房，垃圾箱按照食物垃圾、纸包装、金属包装、塑料包装、无色玻璃、有色玻璃、杂物分类（各垃圾箱上有彩色图片标明），由 Renova 公司每周收集一次。别墅则按一定范围的区域或按户设垃圾房，由 Renova 公司每两周收集一次。

（2）公共场所和街道垃圾箱：方便市民就近投放垃圾。分为两类：杂物垃圾桶（所有垃圾都扔在一起）和分类垃圾箱（分为易燃垃圾和不易燃垃圾两类，通过颜色和文字标明；有些重要公共场所分类更详细，分为玻璃瓶、塑料瓶/盒、金属罐、杂物）。

（3）超市与加油站的收集设备：超市与加油站为了争取客源，竞相辟出醒目的位置，请包装商们设立塑料瓶、饮料罐、蓄电池等的回收设备，顾客在购物、加油时即可处置这些废旧物质。尤其是超市，设有塑料瓶、玻璃瓶、金属罐（这些容器上都标有"△"再生标志，并且注明该容器回收的价值，分 0.5克朗、1 克朗、2 克朗三种）的回收设备，顾客投进这些废旧包装物后，即可得到一张收据，上面印有应得的钱款，顾客在该超市购物时可将此充作现金付账。

（4）商店收集点：各专卖品商店均设有回收本店销售商品的垃圾箱，尤其是那些销售含有有害垃圾的商品的商店里，必须设有分类的垃圾箱，分类回收相应的有害垃圾，例如圆珠笔芯、打字机色带、电池等。

（5）集中/中转站：每个生活小区里都设有包装盒回收站、大体积废弃物回收站、家庭有毒废弃物环保站、工业废弃物。Renova 公司收集家庭垃圾后也将相应的垃圾送到这里，便于下一步运输或处理。

案例分析三：德国的环保产业①

德国的环保产业一直位居世界前列，在可再生能源、环保汽车、节能建筑等领域拥有世界先进的技术和研发团队，同时支撑了大量人口的就业，已经发展成为德国的支柱产业之一。在就业方面，据德国联邦环保部信息，仅可再生能源领域创造的就业岗位 2008 年达 28 万个，预计到 2020 年可攀升至 31 万个或 35 万个。这些与德国环保法规政策的健全与完备是分不开的。1972 年德国即出台了第一部环保方面的法律：《垃圾处理法》，随后又陆续出台了《废弃物处理法》《联邦控制大气排放法》《循环经济与废弃物法》等环境法案，发展到现在已经形成全德国联邦和各州的环境法律法规近 8000 部，可以说环境的法律法规渗透生活生产的方方面面。

可再生能源领域，德国的可再生能源产业的蓬勃发展源于其 2000 年《可再生能源法》的颁布，由此改变了德国能源市场的结构，此后德国又相继出台了生物燃料、地热能等可再生能源促进法律，这也促成了德国在太阳能、风能、生物质能、地热能、水力发电等开发利用方面创世界领先水平的优势。

德国几乎占据了全球 1/3 的太阳能设备市场。德国政府为了鼓励太阳能发电技术的发展，最早推行了太阳能上网电价补贴政策，根据德国《可再生能源法》，政府对每度太阳能发电补贴 0.4 欧元。目前，太阳能发电量占德国总发电量的 0.5%。德国 Q－Cell 公司是全球首屈一指的太阳能电池生产商，电池产量多年来居全球首位。德国弗劳恩霍夫研究所和马克斯·普朗克研究所并列为两大科研机构，其在太阳能领域的研究居于世界领先地位，尤其是其所属的硅原料光伏中心和材料研究所承担了德国政府推行并直接予以财政支持的"太阳谷"计划，是各大太阳能公司的合作和交流平台。德国光伏业大鳄 Solar-world 公司 2009 年营业额高达 10.1 亿欧元，超过其早前预期的 10 亿欧元。该公司 2008 年创造的营业额为 9.003 亿欧元。

环保汽车领域，德国是汽车制造大国，世界知名品牌汽车奔驰、宝马、大众、保时捷等都是德国制造。德国政府和汽车生产商对于环保汽车都极为重

① 信息主要来源：中华人民共和国驻德意志联邦共和国大使馆经济商务参赞处。

视，斥巨资用于混合动力、电动车的研发，其技术居于世界先进水平。德国政府去年批准了由德国经济部、交通部和环境部联合制定的"电动汽车国家发展计划"，目标是至 2020 年使德国电动汽车保有量达 100 万辆。该计划确定了今后 10 年将采取促进电动汽车发展的措施，重点促进电池作为电动汽车核心技术的研发，以生产节能、安全和可靠的电动汽车。联邦政府将与地方政府合作，加大对电动汽车基础设施的投入力度，包括建立电动汽车专用车道、停车位等，以鼓励民众购买电动汽车。德国政府还将适时研究是否对第一批电动汽车消费者提供购车补贴。德国政府已在第二套经济刺激计划中拨款 5 亿欧元，用于促进电动汽车的研发及其相关基础设施的建设。此外，德国部分城市（如柏林、汉诺威和科隆）从 2008 年 1 月 1 日开始设立环保区域，这些区域限制高排放量汽车驶入，从而减少空气中的废气污染。

第四章　我国环保产业发展现状与展望

一、我国环保产业发展概况

1. 我国环保产业发展历程

目前，我国环保产业初具规模，其产业内容逐渐增加，形成了包括环保产品生产、洁净产品生产和环境保护服务等三方面构成的环保产业体系。纵观我国环保产业的发展，大致经历了以下三个阶段：

（1）萌芽阶段（20 世纪 60 年代中后期至 1973 年）。

20 世纪 60 年代中后期，我国在重工业城市开展了废水、废气、废渣治理工作。机械、冶金、建材、化工等行业开始引进国外的环保生产技术与设备，如除尘器制造技术、工业废水治理设备、噪声控制技术等，以满足各行业对环保设备的需求。同时，我国开始自行生产小批量的废水处理设备，噪声控制设备、材料的研究和试制也有了成果。但是，这一时期环保产业的内涵仅包括污染控制设备的研制、安装和运行服务，而且这些设备并没有演变为独立存在的环保设备。

这一时期，我国还没有提出环境保护的概念，环保产业的概念自然也不存在。尽管如此，环保设备在生产过程中又是客观存在的，并在治理"三废"和综合利用过程中确实发挥了作用。

（2）初步发展阶段（1973—1989 年）。

1973 年国务院颁发的《关于我国环境保护工作的若干规定》对当时的环保工作提出了一系列明确的要求。根据要求，污染严重地区率先设立了环境保护管理部门、环境保护科研和环境监测机构。各行各业致力于工业污染治理、

"三废"综合利用、城市消烟除尘等工作。1981年以后，我国开始了排污收费。排污收费制度的实施将我国环保产业带入初步发展阶段。1983年召开的第二次全国环境保护会议，将环境保护确定为我国的一项基本国策，并相继建立了环境法规体系、环境政策体系。在1989年召开的第三次全国环保工作会议上又一次阐述了发展环保产业的必要性。

这一时期提出了环境保护概念，制定了环境保护政策纲领，明确了污染物排放标准的要求，1989年颁布的《环境保护法》等环境法律，促进了社会对环保产业的最终需求形成，推动了环保产业的产生和发展。

（3）快速发展阶段（1989年至今）。

进入20世纪90年代，环保产业被我国政府和人民所重视，并将其发展作为我国环境与经济发展的十大对策之一。我国政府制定了一系列相关政策和措施，推动我国环保产业迈上快速发展的轨道。1992年4月召开的第一次全国环境保护产业工作会议阐明了发展环保产业的重要意义，并确定了我国环保产业发展的指导思想和基本方向。此后，随着全国性产业结构的调整，环保产业逐渐成为热门产业。20世纪90年代以来，在各项法规和政策的推动下，政府从宏观层面上对环保产业的发展目标、发展手段进行界定，提出我国环保产业发展的框架。我国环保产业驶入了快速发展的轨道，产业领域不断拓展，产业规模不断扩大，产业效益逐渐提高。

这一阶段，环保产业经过30年的发展已经取得了一定的成果，为环境、经济、社会的发展起到了积极的促进作用。在新的历史时期和新的环境背景下，环境保护需求的变化对环保产业的发展提出了新的发展要求，也为环保产业的发展提供了更广阔的空间。①

2. 我国环保产业发展现状

真正意义上的环保产业在我国起源于1973年召开的第一次全国环境保护工作会议，经历了20世纪80年代起步阶段、90年代初步发展阶段，我国环保产业进入了快速发展时期。经过30多年的发展，已形成包括环境产品、洁净产品、环境服务、资源循环利用、自然生态保护等领域的环境产业体系，门类基本齐全，总体上已具有相当经济规模，为我国环境事业的发展提供了重要的物质和技术保障。

---

① 任赟：《我国环保产业发展研究》，吉林大学，2009年。

（1）产业规模。

近年来，随着我国经济的快速增长、人们环保意识的增强和环境保护工作力度的加大，我国环保产业取得了较大的发展。受国家和各级政府不断重视并持续增加投入，以及伴随着工业发展产生的大量市场需求等多方面因素的作用，近年来我国环保产业始终保持较快增长。2009年我国环保产业产值较上年大幅增长18.9%，规模达到约9500亿元。我国的环保市场规模仅次于美国，位列全球第二。

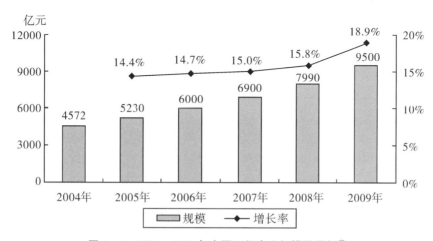

图4-1　2004—2009年中国环保产业规模及增长①

表4-1　中国与典型国家环境市场规模的比较

2008/2009			2009/2010		
国家	销售额（亿美元）	公司数量	从业人数	国家	销售额（亿美元）	公司数量	从业人数
美国	632779	368955	7397996	美国	629303	368951	7397978
中国	418927	252910	5044588	中国	426610	251949	4973732
日本	197338	—	—	印度	199115	118953	2247487
印度	194149	116996	2241544	日本	197816	112101	2207012
德国	131673	77747	1579231	德国	135677	78421	1601112
英国	112003	52258	909782	英国	116780	51595	914849

---

① 数据来源：《2011—2015年中国环保产业运行走势及投资战略规划报告》。

（续表）

2008/2009			2009/2010		
法国	95719	57258	1110501	法国	98228	58221	1103245

资料来源：LCEGS 产业分析，2010。这里包括了低碳和可再生能源产业。

（2）产业结构。

环保产业的内涵逐渐扩大，环保产业具有广泛的渗透性。2006 年公布的《2004 年全国环境保护相关产业状况公报》将环保产业分成四类：环境保护产品生产、环境保护服务业、资源综合利用产业、洁净产品产业。

表 4 - 2　我国环保产业调查分类

子行业	内涵
环境保护产品生产	包括水污染治理设备、空气污染治理设备、固体废物处理处置与回收利用设备、噪声与振动控制设备、放射性与电磁波污染防护设备、污染治理专用药剂和材料、环境监测仪器等
环境保护服务业	包括环境技术与产品的研发、环境工程设计与施工、环境监测、环境咨询、污染治理设施运营、环境贸易与金融服务等
资源综合利用产业	包括在矿产资源开采过程中对共生、伴生矿进行综合开发与合理利用；对生产过程中产生的废渣、废水（液）、废气、余热、余压等进行回收和合理利用；对社会生产和消费过程中产生的各种废旧物资进行回收和再生利用
洁净产品产业	包括有机食品及其他有机产品、低毒低害产品、低排放产品、低噪声产品、可生物降解产品、节能产品、节水产品及其他产品（其中有机食品、节能产品和节水产品统计范围为通过国家有关机构认证的产品）

就环保产业区域结构而言，我国的环保产业主要集中在东部沿海、沿长江以及中部经济较发达的地区。其中，江苏、浙江、广东、山东 4 省环保产业年收入总额均达 500 亿元以上；辽宁、上海、福建、河南等 15 省（市）环保产业年收入总额均达 100 亿 ~500 亿元。

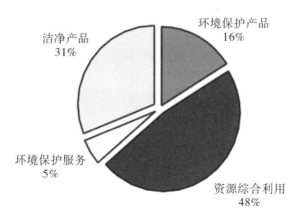

图 4 - 2　2009 年中国环保产品结构图①

（3）发展成效。

供给能力明显提升。国内的环保产业供给能力明显提升，现已经基本适应国家污染控制和经济社会发展的战略需求，具备了为治理工业污染、城市污染和生态保护提供各类环境工程技术和污染治理装备的能力。

环保技术水平不断提高。通过自主研发与引进消化相结合，我国环保技术与国际先进水平的差距不断缩小，主导技术与产品可以基本满足市场的需要，掌握了一批具有自主知识产权的关键技术。在大型城镇污水处理、工业废水处理、垃圾填埋、焚烧发电、除尘脱硫、噪声与振动控制等方面，已具备依靠自有技术进行工程建设与设备配套的能力。

产业领域逐步扩展。环保设施运营服务、环境友好技术和产品、清洁生产技术、循环经济支撑技术等支持产业结构优化升级的技术得到一定的发展。

市场化进程加快。环境服务业得到较快发展，通过城镇污水处理、垃圾处理等污染治理设施市场化、社会化运营等措施，扩大了环保投资来源，提高了环境治理的效率。

---

① 数据来源：2011—2015 年中国环保产业运行走势及投资战略规划报告。

环境库兹涅茨曲线

库兹涅茨曲线是 20 世纪 50 年代诺贝尔奖获得者、经济学家库兹涅茨用来分析人均收入水平与分配公平程度之间关系的一种学说。研究表明，收入不均现象随着经济增长先升后降，呈现倒 U 形曲线关系。当一个国家经济发展水平较低的时候，环境污染的程度较轻，但是，随着人均收入的增加，环境污染由低趋高，环境恶化程度随经济的增长而加剧；当经济发展达到一定水平后，也就是说，当到达某个临界点或称"拐点"以后，随着人均收入的进一步增加，环境污染又由高趋低，其程度逐渐减缓，环境质量逐渐得到改善。这种现象被称为环境库兹涅茨曲线。

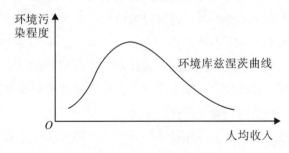

图 4 - 3　环境库兹涅茨曲线

3. 环保技术发展状况

（1）水污染防治领域。

我国水污染防治的常规工艺技术水平与国际基本同步，A/O 法（厌氧好氧工艺法）、A2/O 法（厌氧—缺氧—好氧法）、SBR（序列间歇式活性污泥法）、氧化沟、接触氧化、膜生物反应器等各类生物处理技术和各类物理、化学和物化处理技术已广泛应用于工程实践。部分特殊污染物处理技术、膜技术、紫外线消毒技术等关键技术及设备与国际先进水平还有一定差距，部分高端产品尚依赖进口。

（2）大气污染治理领域。

我国的电除尘技术，已广泛应用于电力、建材、钢铁、冶金、轻工以及工业锅炉等领域。电除尘器产品已出口到 30 多个国家和地区。在供电电源制造及检测调试、脉冲供电、开关电源、计算机智能控制系统的研发方面取得了较大进展，电除尘本体设备的加工工艺以及关键部件、配套产品的加工性能等与国外相比仍有差距。

在袋式除尘领域，我国已开发出满足不同需要的多种袋式除尘工艺，并成功应用于钢铁、水泥等行业的常温及高温含尘烟气、垃圾焚烧烟气净化、火电厂脱硫除尘等领域。大型脉冲袋式除尘器及滤袋缝制技术已达国际先进水平。袋式除尘的主机、滤料、滤袋及配件已出口到许多国家，部分滤料的纤维原料还需进口。

在烟气脱硫领域，我国已拥有 30 万千瓦火电机组自主知识产权的烟气脱硫主流工艺技术。石灰石—石膏湿法烟气脱硫工艺中的关键设备，如浆液循环泵、真空皮带脱水机、气气换热器等，已具备较强的研发和生产加工能力。脱硫工程配套设备的国产化率已达 90% 以上。尚缺乏具备自主知识产权的大型火电机组脱硫工艺技术，部分关键部件尚依赖进口。

在脱硝领域，火电厂氮氧化物控制方面通过引进消化和自主开发，烟气脱硝技术已在工程建设中得到应用。但缺乏拥有自主知识产权的烟气脱硝技术，催化剂主要依靠进口，技术设备国产化率低。

在机动车尾气净化方面，可满足部分在用车尾气净化要求，摩托车净化大部分采用国内技术产品，新车基本采用国外技术产品。企业规模、技术水平均不能满足机动车发展的需要。

总体来说，在脱硝技术开发应用、有毒有害气体控制、柴油车污染物控制、高温滤料生产等技术设备领域，还处于发展应用前期，在重金属污染、二噁英和其他持久性污染物控制技术方面，还处于研究开发起步阶段。

（3）固体废物处理处置领域。

我国的固体废物处理处置技术近年来发展较快，开发了中小型回转窑焚烧等技术，大型城市垃圾焚烧技术已实现国产化，垃圾填埋仍是我国垃圾处理的主导技术。在危险废物和医疗废物处理方面，总体上还处于探索和起步阶段，危险废物和医疗废物处置技术水平与发达国家尚有一段差距。固体废物处理利用装备水平相当于先进国家 20 世纪 80 年代的水平，部分产品相当于国外 20 世纪 90 年代中期的水平，少量设备接近国际先进水平。

（4）噪声与振动控制领域。

我国的噪声与振动控制技术与国际水平相当，近年来在城市交通噪声治理、声学材料等领域取得长足进步。自主研究开发的微穿孔板吸声、消声结构已达国际领先水平。在有源噪声与振动控制和声源控制技术方面还处于研究阶段，电磁污染、热和光污染的控制技术还处于发展初期，尚未形成市场化规模。

（5）环境监测仪器。

我国的大气污染源和空气质量连续监测系统、水污染源和水环境质量连续监测系统、声环境质量连续监测系统、污染治理设施过程控制技术、各种采样仪等的开发和生产能力、技术水平均有了较大发展，基本实现了产业化应用。但总体技术水平仍较低，缺乏核心技术，在产品的质量、性能稳定性、配套性等方面有较大差距。

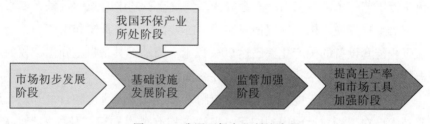

图4-4 我国环保产业所处阶段

 **延伸阅读**

环保产业发展的阶段

环保产业的发展一般可以分成四个阶段，分别是市场初步发展阶段、环保基础设施发展阶段、监管加强阶段和提高资源生产率和市场工具加强阶段。

a. 市场初步发展阶段：在这个发展阶段，环保投资非常有限；环保的主要工作内容是识别环境保护的优先级别和策略，以确定应首先向环保的基础设施投资，如供水和污水处理。目前非洲的大部分地区和东南亚的部分地区（如越南）处于这一阶段。

b. 环保基础设施发展阶段：由于经济的发展和工业化进程速度加快，这一阶段的显著特征是大量的环保基础设施投资以应对基本的环境问题和污染对人类健康的影响。在这一阶段，环保的市场容量迅速扩大。

c. 监管加强阶段：由于经济进一步发展，环保基础设施已经基本建立，政府把注意力放到了环保法规的发展和加强上。这促使政府对工业的环保管理和污染控制加大投资。在这一阶段，环保市场的增速依然较高，但低于第二阶段。

d. 提高资源生产率和市场工具加强阶段：这一阶段的显著特征是财政和经济激励措施在改善环境和提高生产率方面的使用（例如税收优惠）。环保市场在这一阶段将高速增长。包括集成清洁技术的发展；循环和可再生能源的发展，大企业承担更多的环保责任；消费者环保意识的提高。目前，西欧、北美和日本正在进入这一阶段。

我国目前处于环保产业发展的第二阶段，即环保基础设施发展阶段。当前我国环保产业主要受到高速的经济增长、工业现代化、城市化、高污染现状等因素驱动。

二、我国环保产业发展的特点与趋势

截至 2009 年年底，我国环保产业总产值已经达到 9500 亿元[1]，据国际节能环保协会数据显示，未来全国环保产业产值将继续保持 15% 左右的高增长速度。

1. 产业整体发展特点

（1）环保产业进入快速发展期。

2010 年全国环境保护相关产业从业单位近 6 万家，从业人员超过 350 万人，环保产业年产值达到 1 万亿元。[2] 如果把低碳和可再生能源纳入其中，则企业数量达到 20 多万家，从业人数超过 400 万人。环保产业四个子产业的年增长速度都达到两位数，其中资源综合利用和洁净产品领域增长速度最快。在产业构成中，资源综合利用所占产值比重超过总量的一半，环境保护服务业比重最小，不到 10%。环境服务市场需求不断扩大，服务范围由过去的环保技术和咨询服务，拓展到环保工程总承包、环保设施专业化运营、投融资及风险评估等方面。

与环境保护相关的投资呈现出较快增长的势头。2011 年，环境污染治理投资为 6026.2 亿元，占当年国内生产总值（GDP）的 1.27%。其中，城市环境基础设施建设投资 3469.4 亿元，比上年减少 17.9%；工业污染源治理投资

---

① 数据来源：赛迪顾问整理，2010 年第 7 期。
② 数据来源：赛迪顾问整理，2010 年第 7 期。

444.4 亿元，比上年增长 11.9%；建设项目"三同时"环保投资 2112.4 亿元，比上年增长 3.9%。

2011 年，在城市环境基础设施建设投资中，燃气工程建设投资 331.4 亿元，比上年增长 14.0%；集中供热工程建设投资 437.6 亿元，比上年增长 1.0%；排水工程建设投资 770.1 亿元，比上年下降 14.6%；园林绿化工程建设投资 1546.2 亿元，比上年下降 32.7%；市容环境卫生工程建设投资 384.1 亿元，比上年增长 27.3%。燃气、集中供热、排水、园林绿化和市容环境卫生投资分别占城市环境基础设施建设总投资的 9.6%、12.6%、22.2%、44.6% 和 11.1%，排水设施和园林绿化投资为城市环境基础设施建设投资的重点。

2011 年，在工业污染源污染治理投资中，废水治理资金 157.7 亿元，比上年增长 21.2%；废气治理资金 211.7 亿元，比上年增长 12.1%。其中工业废气脱硫治理项目投资 112.7 亿元，工业废气脱硝治理项目投资 12.7 亿元；工业固体废物治理资金 31.4 亿元，比上年增长 120.0%；噪声治理资金 2.2 亿元，比上年增长 42.3%。

废水、废气、固废、噪声以及其他污染要素治理投资，分别占工业源治理总投资的 35.5%、47.6%、7.1%、0.5% 和 9.3%，废水和废气仍是工业污染治理的重点。

2011 年，建设项目"三同时"环保投资 2112.4 亿元，比上年增长 3.9%。建设项目"三同时"环保投资占环境污染治理投资总额的比例为 35.1%，占建设项目投资总额的 3.1%。

表 4-3 与工业污染源治理投资构成

（单位：万元）

年度	废水	废气	固废	噪声	其他
2001	729214.3	657940.4	186967.2	6424.4	164733.7
2005	1337146.9	2129571.3	274181.3	30613.3	810395.9
2010	1301148.7	1888456.5	142692.2	15193.2	621777.6
2011	1577471.1	2116810.6	313875.3	21622.5	413830.7

表4-4　建设项目"三同时"投资情况

年度	环保投资额（亿元）	占建设项目投资总额（%）	占全社会固定资产投资总额（%）	占环境治理投资总额（%）
2001	336.4	3.6	0.9	30.4
2005	640.1	4.0	0.7	26.8
2010	2033.0	4.1	0.7	30.6
2011	2112.4	3.1	0.7	35.1

（2）政策将有力引导产业发展。

一方面，随着国家环境保护标准的提高和执法力度的加强，排污单位将主动或被动地加大环境治理的投入，以满足政府的环保要求；另一方面，由于国家扶持环保产业的优惠政策不断出台，环境保护将转变为有利可图的新兴事业。随着环境保护部的成立，以及之后一系列环保标准和政策的公布，环保产业的发展更是面临着历史性的政策机遇。我国政府于2009年11月26日公布了控制温室气体排放的行动目标，决定到2020年全国单位国内生产总值二氧化碳排放比2005年下降40%~45%；2011年3月，国家相关部门提出到2015年，全国城市生活垃圾无害化处理率达80%以上，50%的设区城市初步实现餐厨垃圾分类收运处理。这将为环保产业创造巨大的需求市场。

（3）科技进步取得初步成效。

我国环保产业在高新技术产业化政策的引导下，环保技术开发、技术改造和技术推广的力度不断加大，环保新技术、新工艺、新产品层出不穷，各种技术和产品基本覆盖了环境污染治理和生态环境保护的各个领域。我国环保科技投入不断增加，各地在城市污水处理及资源化、海水利用、工业有机废水处理、水处理药剂开发、膜技术开发与应用、汽车尾气净化催化技术和固体废弃物治理等领域取得了一批科技成果，并实现了产业化。环保科技水平的不断提高，以及产业政策的明朗、节能减排指标的明确，促进了环保产业整体利润水平的上升。

（4）外资企业主导环保市场。

我国环保政策的转变和环保市场的兴起，给拥有尖端技术的国外投资者带来了新的机遇。除了外商直接的投资，更多的海外公司通过技术转移在我国建立合资企业，形成包括环保产品生产、服务、开发、营销、咨询、管理、资源利用、生态保护、洁净产品生产等跨行业、跨地区的新兴产业。目前我国环保产业市场大部分被国外大公司及合资公司所占有。在 2008 年我国环保产业全行业规模以上企业中，内资企业的比重为 93.1%，港澳台商企业与外资企业仅占 6.9%，但外资企业却占据了我国环保设备市场的 3/4，在水务方面更加显著，外资企业占据市场主导的局面并没有得到有效改善。

（5）环境产业发展与需求相比仍存在较大差距。我国环境产业发展"十二五"规划明确提出，我国节能环保产业虽然有了较快发展，但总体上看，发展水平还比较低，与需求相比还有较大差距。主要存在以下问题：

一是创新能力不强。以企业为主体的节能环保技术创新体系不完善，产学研结合不够紧密，技术开发投入不足。一些核心技术尚未完全掌握，部分关键设备仍需要进口，一些已能自主生产的节能环保设备性能和效率有待提高。

二是结构不合理。企业规模普遍偏小，产业集中度低，龙头骨干企业带动作用有待进一步提高。节能环保设备成套化、系列化、标准化水平低，产品技术含量和附加值不高，国际品牌产品少。

三是市场不规范。地方保护、行业垄断、低价低质恶性竞争现象严重；污染治理设施重建设、轻管理，运行效率低；市场监管不到位，一些国家明令淘汰的高耗能、高污染设备仍在使用。

四是政策机制不完善。节能环保法规和标准体系不健全，资源性产品价格改革和环保收费政策尚未到位，财税和金融政策有待进一步完善，企业融资困难，生产者责任延伸制尚未建立。

五是服务体系不健全。合同能源管理、环保基础设施和火电厂烟气脱硫特许经营等市场化服务模式有待完善；再生资源和垃圾分类回收体系不健全；节能环保产业公共服务平台尚待建立和完善。

2. "十二五"期间环保产业发展展望

（1）"十二五"我国环保产业发展面临的形势。

我国"十二五"环保产业发展规划，对我国环保产业发展所面临的形势进行了分析，概括为以下几点：

从国际看，在应对国际金融危机和全球气候变化的挑战中，世界主要经济体都把实施绿色新政、发展绿色经济作为刺激经济增长和转型的重要内容。一些发达国家利用节能环保方面的技术优势，在国际贸易中制造绿色壁垒。为使我国在新一轮经济竞争中占据有利地位，必须大力发展节能环保产业。

从国内看，面对日趋强化的资源环境约束，加快转变经济发展方式，实现"十二五"规划纲要确定的节能减排约束性指标，必须加快提升我国节能环保技术装备和服务水平。我国节能环保产业发展前景广阔，据测算，到2015年，我国技术可行、经济合理的节能潜力超过4亿吨标准煤，可带动上万亿元投资；节能服务总产值可突破3000亿元；产业废物循环利用市场空间巨大；城镇污水垃圾、脱硫脱硝设施建设投资超过8000亿元，环境服务总产值将达5000亿元。

"十二五"期间，我国将进一步加大环境保护力度。根据"十二五"规划，到2015年，主要污染物排放总量将显著减少；城乡饮用水水源地环境安全得到有效保障，水质大幅提高；重金属污染得到有效控制，持久性有机污染物、危险化学品、危险废物等污染防治成效明显；城镇环境基础设施建设和运行水平得到提升；生态环境恶化趋势得到扭转；核与辐射安全监管能力明显增强，核与辐射安全水平进一步提高；环境监管体系得到健全。环境保护力度的加大，将为环保产业的发展提供广阔的市场和投资机会。

表4－5　"十二五"环境保护主要指标

序号	指　　　标	2010 年	2015 年	2015 年比 2010 年增长
1	化学需氧量排放总量（万吨）	2551.7	2347.6	－ 8%
2	氨氮排放总量（万吨）	264.4	238.0	－ 10%
3	二氧化硫排放总量（万吨）	2267.8	2086.4	－ 8%
4	氮氧化物排放总量（万吨）	2273.6	2046.2	－ 10%
5	地表水国控断面劣 Ⅴ 类水质的比例（%）	17.7	＜ 15	－ 2.7 个百分点
	七大水系国控断面水质好于 Ⅲ 类的比例（%）	55	＞ 60	5 个百分点
6	地级以上城市空气质量达到二级标准以上的比例（%）	72	≥ 80	8 个百分点

"十二五"时期是我国节能环保产业发展难得的历史机遇期，必须紧紧抓住国内国际环境的新变化、新特点，顺应世界经济发展和产业转型升级的大趋势，着眼于满足我国节能减排、发展循环经济和建设资源节约型环境友好型社会的需要，加快培育发展节能环保产业，使之成为新一轮经济发展的增长点和新兴支柱产业。

（2）环保投资需求测算。

2008 年全国 GDP 为 300670 亿元。据预测，随着世界经济危机影响的减弱，2011—2012 年我国经济增长将重新回到 9% ~ 10% 的较快增长区间，国内生产总值增速约分别为 9% 和 9.5%。2013 年之后，经济将继续保持平稳增长，国内生产总值平均增长率在 8.8% 左右。"十二五"期间国内生产总值将达到 231.2 万亿元。初步估算，"十二五"期间环保投资需求约为 3.1 万亿元，与"十一五"期间环保投资占国内生产总值 1.35% 的比例基本持平，年均环保投资为 6200 亿元左右。

（3）环保产业发展预测。

"十一五"以来，国内环保投资逐年增加，对污染治理设施运行费用、环保产业、国内生产总值增长、就业等方面具有较为显著的拉动作用。"十二五"期间，随着环保投资力度的进一步加大，我国环保产业将迎来更为广阔的发展空间。初步估算，2009—2012 年环保投资合计约为 2.3 万亿元，拉动环境污染治理设施运行费用为 0.78 万亿元；"十二五"期间（2011—2015 年），环保投资约为 3.1 万亿元，将拉动环境污染治理设施运行费用 1.05 万亿元。这将为"十二五"期间的环保服务业发展提供巨大的空间。

有分析认为，在政策推动下，我国环保产业在未来一段时期将保持年均 15% ~ 20% 的增长率。据测算，环保投资对环保产业产值的拉动率为 1.1 左右，2009—2012 年的环保产业产值约为 2.76 万亿元，"十二五"期间的环保产业产值为 4.92 万亿元。研究表明，环保投资对国内生产总值的投资乘数约为 1.4。"十二五"期间环保投资约 3.1 万亿元，将拉动国内生产总值约 4.34 万亿元。

3. 环保产业的最新政策

环保产业的发展与宏观经济的相关性较小，其发展的周期主要取决于国家环保政策的引导。雾霾事件、水污染事件等的频繁出现，推动了环保政策的加速出台，环保产业由此得到了很大的发展提升空间。目前，环保部正在编制《政府采购环境服务指导意见》，规定政府将向社会公开购买环境服务，购买过程将一律通过公开招投标的方式获得。环保投入将从以往的"过程买单"转向"见效付费"，这将帮助政府更加合理地使用财政资金，同时可以吸引更多社会资本进入环境服务领域，放大财政环保投入资金的作用，促进环保产业发展。

2014 年 11 月，国务院常务会议提出了积极推广政府与社会资本合作模式

（PPP），推行环境污染第三方治理，推进政府向社会购买环境监测服务，支持开展排污权、收费权、购买服务协议质（抵）押等担保贷款业务。探索利用工程供水、供热、发电、污水垃圾处理等预期收益质押贷款。鼓励社会资本参与投资城镇供水供热、污水垃圾处理、公共交通等领域，鼓励民间资本投资运营农业、水利工程，与国有、集体投资享有同等政策待遇。

公私合营模式（Public Private Partnerships，简称 PPP）是指政府及其公共部门与企业之间结成伙伴关系，并以合同形式明确彼此的权利与义务，共同承担公共服务或公共基础设施建设与营运。20 世纪 90 年代，公私合营模式在欧美发达国家得到大幅度推行。它一定程度上修正了之前单独依赖私有部门提供公共服务监管缺失带来的价高质差问题，同时又解决了单独依赖政府部门公共服务资金匮乏和效率低下的问题。

在环境保护领域，我国最新政策涉及的公私合营模式主要包括两个方面：政府购买环境监测服务和环境污染第三方治理模式。

（1）政府购买环境监测服务。

以前，我国的环境监测任务一直是由环保部门的各级环境监测站承担，随着经济的发展和工业化的快速推进，政府原有的环境监测系统已经跟不上市场发展的新情况，严峻的环境污染形势已经让地方政府的环境监测工作越来越不堪重负。这时，具有专业资质的第三方参与到政府环境监测方面的工作就成为解决问题的一种方式。环保部目前正在积极推进政府向社会购买环境监测服务项目。具有资质的专业第三方可以对重点污染源进行监测，然后由政府向这些专业的第三方购买环境监测服务。

据环保部监测司司长罗毅介绍①，环境监测服务分为政府环境监测服务和企业自行环境监测，目前企业自行环境监测已经向第三方开放了，很多国控重点污染源企业早已向第三方购买了环境监测服务，同时政府履行的环境监测服务向社会购买在地方已经开展试点。我国计划到 2015 年年底在直辖市各建设3 个国家直管监测点，省会城市各建设 2 个国家直管监测点，其他地级城市各建设 1 个国家直管监测点，逐步建成统一的国家空气质量监测网。这些国家直管监测点的监测设施的运行和维护服务可以向社会购买，以弥补中国环境监测总站力量的不足。在政府向社会购买环境监测服务方面，山东、江苏、浙江等地已经开始试水。例如，山东省环保厅组织公开招标社会化机构购买试点城市

---

① 以下源自《21 世纪经济报道》2014 年 11 月期间对罗毅的参访报道。

的空气站并负责运营维护及设备更新，公开招标社会化机构通过移动监测站对空气站数据进行整体比对，省、市两级环保部门共同对运营单位、比对单位进行质控考核，共同出资购买符合质量要求的监测数据，监测数据归省、市环保部门所有。

（2）环境污染第三方治理模式。

环境污染第三方治理模式，简单地概括是将污染治理以合同付费的模式集中交由专业化的环保公司治理。它是国内环保产业一直在探寻的重要商业模式，也被称为合同环境服务模式。它涉及的服务主体有两类：一类是排污企业，此类企业按照以前的环保要求通常是自装污染治理设备，企业自身负责治理自身产生的污染；另一类是地方政府部门，主要负责城市垃圾处理、大气污染控制、公共水域污染治理等公共环境治理工作。

近年来，随着政府对环境保护工作的逐渐重视，环保投入连年不断地增加，各类环境污染治理设施也在加速建设，但是环境质量却不见明显的改善，而且一定程度上还有恶化的征兆。根据《中国低碳经济发展报告（2014）》，2013 年我国雾霾发生面积增大、持续时间延长、污染程度更高、危害程度加大。为什么会出现这种情况呢？

原因可以分为两个方面。从企业方面来看，企业作为市场竞争的主体，经济利益是其行动的主导目标，在监管不到位的情况下，企业很难做到环保投入到位。但是，由于企业规模不等，分布分散，所以就现有的政府部门环境监测配备来讲，很难做到对污染企业的监管到位。此外，一些企业受限于自身规模技术等因素，很难有资金建立自己的污染处理系统，这样看来，将污染治理这一块剥离开来，交由专业化的治污公司进行治理，不但可以发挥治污企业规模化优势进而降低治污成本，同时还带来了治污的集中化，方便了监测管理，最终形成"污染者付费，专业化治理"的新模式。

从政府方面来看，涉及公共服务的市政领域，政府"既当运动员，又当裁判员"的模式是造成公共环境服务部分效率低下的主要原因，而且还容易滋生腐败问题。这种模式在各个公共服务领域都广受诟病，是未来我国政府要改革的重点部分。环保部目前拟出台《政府采购环境服务指导意见》（以下简称《意见》），纳入指导意见中的政府采购的环境公共服务，将包括城乡生活废水、垃圾收集、转运、处理的单项或者一体化服务，城乡区域河道水域、公园湖泊水质养护、城乡植树种草，国家公园、自然保护区等环保、城乡公用土地的环境修复服务。《意见》规定，政府购买环境服务将一律通过公开招投标的方式获得。《意见》旨在改变过去地方政府在环保方面只重视环保设备的购买而不重视环保结果的模式，提高政府财政资金在环保公共服务领域的使用效率。

**延伸阅读**

山东省尝试空气监测站自动化运营[①]

为了探索环境污染监测专业化、社会化的运营管理模式，2011年山东省决定对济南、滨州、菏泽三市城市环境空气质量自动监测站（以下简称"空气站"）进行"转让—经营"（以下简称"TO"）模式试点工作，实行"现有设备有偿转让、专业队伍运营维护、专业机构移动比对、环保部门质控考核、政府购买合格数据"的管理模式，即政府公开招标社会化机构（以下简称"运营单位"）购买试点城市的空气站并负责运营维护及设备更新，公开招标社会化机构（以下简称"比对单位"）通过移动监测站对空气站数据进行整体比对，省、市两级环保部门共同对运营单位、比对单位进行质控考核，共同出资购买符合质量要求的监测数据，监测数据归省、市环保部门所有。

监测指标包括可吸入颗粒物、二氧化硫、二氧化氮、一氧化碳、臭氧和气象六参数，各指标及备用机器、配套的辅助设备均纳入试点范围，试点期限为两年。为推动TO模式顺利开展，山东省明确了省信息与监控中心、市级环境监测站、运营单位和比对单位的相关职责，确保监测数据质量，降低监测运营成本。

山东省确定，省信息与监控中心负责制定全省空气自动监测站运行管理和技术管理制度、文件；负责全省空气自动监测站的质控工作，组织开展标准溯源和量值传递工作；对运营单位的运行维护、比对单位的移动比对行为进行全面监督，对空气自动监测站的运行状况进行实时监控；负责调查核实、处理解决抽查监测、监控中发现的和各市反映的监测设备、监测数据问题，对存在问题的监测设备进行抽查比对。

市级监测站负责对辖区空气自动监测站的运行情况和监测数据进行实时监控；协助省监控中心监督运营单位运行维护行为、比对单位移动比对行为，及时向省监控中心反映运营问题和数据疑问，但不得干预运营公司的正常运营行为。

---

① 整理自中国环保网。

运营单位负责保障监测设备正常稳定运行和故障维修，保证监测设备运行率高于95%，监测数据准确率高于90%；每天对监测站运行状况和监测数据进行实时监控。空气自动监测站出现故障时必须在1小时之内响应、3小时内恢复正常运行，并报告省监控中心，发现仪器设备、监测数据有问题时要在1小时内报告省监控中心。

比对单位根据省监控中心要求，对固定站进行同步监测，保证监测设备比对率不低于95%，比对准确率不低于90%。负责保障移动站的正常稳定运行和故障维修。

考核方面采取省级为主、市级协助的监管方式，引入经济手段、资格管理和法律法规相结合的考核机制。省级负责对运营单位、比对单位的全面管理；市级负责保障监测条件，并随时向省环保厅反映运营问题和数据疑问。运营单位必须在省环保厅指定账户打入全部运营站点半年的运营费用作为运营抵押款；对达不到运营要求或违规操作的，扣减相应的运营费用直至终止运营合同、取消山东境内运营资格。考核内容主要包括运营单位、比对单位每月的绩效（职责履行情况）。运营单位考核主要包括监测数据上传率、准确率、运行维护三部分内容。

运营费用（比对费用）的支付与对运营单位（比对单位）的绩效考核结果挂钩。运营费用由省、市共同承担。运营费用（比对费用）由省级集中管理，单独设立账户，实行专款专用。

实行TO模式后，省、市环保部门均作为运营合同的主体单位，共同与运营单位签署运营合同，其中省级负责对运营单位、比对单位的全面管理，市级负责保障监测条件，并随时向省环保厅反映运营问题和数据疑问。从中标情况看，实行TO模式后，运行费用将比现有模式降低20%以上，现有国有资产净值增值14%，监管方式由省对各市质控抽查变为省、市共同对运营、比对单位监督考核，提高了监管质量，增加了对空气站的整体比对，完善了质控体系，将进一步提高数据的客观性、准确性和公正性。

绿色 GDP 的核算

绿色 GDP，衡量的是各国扣除自然资源资产损失后新创造的真实国民财富的总量。简单地讲，就是从现行统计的 GDP 中，扣除环境污染成本和自然资源消耗成本的最终结果。绿色 GDP 这个指标，既考虑了经济发展的"正面效应"，又考虑到"负面效应"，代表了国民经济增长的净正效应，表征了可持续发展的概念。绿色 GDP 的主要计算公式有以下三种：

（1）绿色 GDP = 传统 GDP −（各种自然资源的价值成本 + 各种环境污染损失的价值成本）− 经济增长对人的各种权益福利造成侵害的价值成本

（2）绿色 GDP = 传统 GDP − 环境资源损耗 − 环境污染损耗

（3）绿色 GDP = 传统 GDP −（自然资源的消耗 + 环境损耗的成本）+ 环保部门新创造的价值

环境部分是绿色 GDP 核算中涉及的主要内容。环境部分包括两个层次：一项是环境实物量核算，一项是环境价值量核算。环境实物量核算，运用实物单位建立不同层次的实物量账户，描述与经济活动对应的各类污染物的产生量、去除量（处理量）、排放量等，具体分为水污染、大气污染和固体废物实物量核算；环境价值量核算，在实物量核算的基础上，运用各种方法估算出环境污染和生态破坏造成的货币价值损失，其中涉及的主要问题是环境的估价问题。环境服务不同于其他商品可以在市场上进行交易，所以就不能通过市场买卖的方式显示出环境服务的价值，只能通过非市场的各种方法估算其价值。目前环境价值量核算的估价方法有两大类：基于成本的估价方法和基于损害/受益的估价方法。

基于成本的估价方法主要是在环境退化或损害之前想办法防止环境退化或损害，或者在环境退化或损害发生之后对它进行治理所发生的一切费用。这两种方法可以相互取代，分别称为防止和恢复费用法。具体的方法包括：结构调整成本法、消除成本法、恢复成本法、防护费用法和恢复费用法。

基于损害/受益的估价方法，环境的使用受容量的限制，过度使用环境，就会引起环境的损害。对环境的损害，有时候可以直接进行评价。对环境损害的直接评价是建立在这样一个基础之上的：一个遭受环境受体过度使用结果影响的单位，愿意为此承担多少支出，这种支出就是环境服务（或环境质量）的价格。

评价对环境的支付意愿有两种方法。一是直接观察，或者通过统计与计量经济技术进行间接估计，这些都是揭示偏好的方法。具体的方法包括直接市场价格（Direct Market Prices）、间接享乐价格分析（Indirect Hedonic Price Analysis）、旅行费用法（Travel Cost Method）。二是向被调查者询问其偏好，这就是陈述偏好的方法，这种调查可以是直接的也可以是间接的。具体的方法包括直接条件估价（Direct Contingent Valuation）、间接联合分析（Indirect Conjoint Analysis）。

三、我国环保产业发展重点

1. "十二五"重点环保工程

为把"十二五"环境保护目标和任务落到实处，"十二五"期间，我国将积极实施各项环境保护工程（全社会环保投资需求约 3.4 万亿元），其中，优先实施 8 项环境保护重点工程，开展一批环境基础调查与试点示范，投资需求约 1.5 万亿元。

"十二五"环境保护重点工程如下：

主要污染物减排工程。包括城镇生活污水处理设施及配套管网、污泥处理处置、工业水污染防治、畜禽养殖污染防治等水污染物减排工程，电力行业脱硫脱硝、钢铁烧结机脱硫脱硝、其他非电力重点行业脱硫、水泥行业与工业锅炉脱硝等大气污染物减排工程。

改善民生环境保障工程。包括重点流域水污染防治及水生态修复、地下水污染防治、重点区域大气污染联防联控、受污染场地和土壤污染治理与修复等工程。

农村环保惠民工程。包括农村环境综合整治、农业面源污染防治等工程。

生态环境保护工程。包括重点生态功能区和自然保护区建设、生物多样性保护等工程。

重点领域环境风险防范工程。包括重金属污染防治、持久性有机污染物和危险化学品污染防治、危险废物和医疗废物无害化处置等工程。

核与辐射安全保障工程。包括核安全与放射性污染防治法规标准体系建设、核与辐射安全监管技术研发基地建设以及辐射环境监测、执法能力建设、人才培养等工程。

环境基础设施公共服务工程。包括城镇生活污染、危险废物处理处置设施建设，城乡饮用水水源地安全保障等工程。

环境监管能力基础保障及人才队伍建设工程。包括环境监测、监察、预警、应急和评估能力建设，污染源在线自动监控设施建设与运行，人才、宣教、信息、科技和基础调查等工程建设，建立健全省市县三级环境监管体系。

2. 环保产业重点技术需求

（1）大气污染防治。

钢铁行业高炉煤气净化及烧结机机头机尾除尘，高温工况条件下的袋式除尘设备和滤料；火电厂60万~100万千瓦大型超临界机组静电除尘；循环流化床高浓度烟尘治理电除尘器；冶金大型烧结机及化工、有色冶金高温烟尘静电除尘；适用于捕集难度较大的燃煤烟尘及高比电阻、高温高湿、高含尘浓度的电除尘器；常规—移动组合式电除尘器及电—袋组合除尘器；300万千瓦以上火电机组且燃用煤种含硫量大于1%的具有自主知识产权的湿法烟气脱硫技术及相关附属配套设备；200万千瓦以上火电机组且燃用煤种含硫量小于1%的具有自主知识产权的干法及半干法烟气脱硫技术及相关附属配套设备；20吨/时以上工业锅炉和工业窑炉实用型脱硫技术；烟气脱硝技术和装备；利用吸附浓缩—催化燃烧、蓄热式热力焚烧、生物处理、光催化和等离子体破坏技术等治理工业固定源有机废气；饮食业油烟污染控制技术；室内空气净化新技术以及机动车排气污染治理等。

（2）水污染防治。

稳定高效的生活污水除磷脱氮处理技术；中小城镇生活污水处理高效人工湿地、人工生态水处理技术；城市生活污水处理厂和工业废水处理污泥安全处理处置及资源综合利用技术；节能型城市生活污水处理成套设备制造；造纸工业草浆中段废水和废纸打浆废水治理；煤化工业高氨氮难降解有机化工废水治理；有机合成工业高盐度、高含硫难降解有机化工废水治理；垃圾渗滤液处理技术；重耗水、重污染行业废水回用和零排放技术；集成物化技术、膜技术、精细过滤等高效固液分离技术装备；高效低能耗污泥浓缩脱水技术和设备；高速精密过滤技术及新型滤料；膜分离技术及硬体纳米膜材料；催化氧化技术和高效氧化剂、高效催化剂；电解凝聚技术及电解凝聚装置；臭氧氧化技术及大型臭氧发生器；好氧生物流化床成套装置；好氧膜生物反应器成套装置；溶气供氧生物膜与活性污泥法复合成套装置；污泥床、膨胀床复合厌氧成套装置等。

（3）固体废物处理与处置。

400吨/日垃圾焚烧厂（炉排炉）建设，城镇有机垃圾厌氧产沼工程、卫生填埋场填埋气收集利用工程，工业废渣高效综合利用技术；废旧轮胎与废旧塑料处理利用技术；危险废物安全填埋技术、焚烧技术、等离子体处理技术及稳定化技术；焚烧飞灰的处理利用技术；废弃物无害化、减量化和资源化处理处置技术与设备；污泥沼气发电成套技术装备；生活垃圾分类收集技术与设备；垃圾焚烧处理、堆肥、卫生填埋技术；污染土壤场地修复工程等。

（4）农村环境保护。

农村集中式饮用水水源保护区建设、村庄生活垃圾收运—处理系统建设、农村面源污染防治工程示范、农村废弃物的处置、村镇分散式污水处理、农业土壤污染防治工程示范、畜禽养殖污染防治示范工程等。环境友好型农业生产技术的研究与推广，农药、化肥、农膜等农业生产资料的合理使用技术，秸秆还田、气化、制造轻质建材等综合利用技术与设备，发展绿色食品和有机食品生产，建设有机食品生产基地。

（5）环境服务方面。

重点污染源在线监控系统建设，区域化污水和垃圾与危险废物处理运营模式的示范工程，环境技术评估，污染治理设施设计建设技术规范，国际履约项目的支撑技术区域化运营模式示范等。

3. 重要产品和装备①

（1）机动车消声和尾气净化产品。

由于汽车的日益广泛使用，汽车尾气排放对大气的污染日趋严重。在我国一些大城市，汽车造成的空气污染已成为大气环境污染的主要原因。消除机动车尾气污染，其方向是机内解决。我国一些大城市正陆续开展机内净化器的安装。随着法规标准的进一步严格，机外净化器也会形成市场。"十二五"期间，针对汽油车、柴油车将全面实施国Ⅳ排放标准、摩托车实施国Ⅲ排放标准的要求，重点研发推广尾气高效催化转化器。汽油车在国Ⅳ阶段重点进行电控精细

---

① 滕静、李宝娟：《"十一五"期间我国环保产业市场发展状况》，《中国环保产业》，2010年第3期。

化调整和提升催化转化器性能；柴油车在国Ⅳ阶段逐步配备尾气后处理装置；摩托车在国Ⅲ阶段逐步实现发动机电喷化和催化转化器的配备。

（2）污水、废水处理技术与产品。

需求主要集中在城市生活污水集中处理成套设备、城镇居民小区污水处理设备及相关产品和工业废水处理成套设备的开发生产。此外，高浓度有机废水、重金属废水、含油废水处理设备和废水回用、资源回收等设备制造也有较大的市场需求。

（3）脱硫技术及其成套产品。

由政府引领的自上而下的脱硫风暴，给脱硫市场带来了极大的活力。据估计，"十一五"期间脱硫市场规模将达 500 亿元，众多脱硫企业纷纷入市。适合我国国情的工业锅炉脱硫设备生产具有广阔的市场。

石灰石—石膏法脱硫技术。开发 600 兆瓦以上机组石灰石—石膏法配套的大型中速湿式磨机、喷嘴、吸收塔内喷淋大型浆液循环泵、大型氧化风机、热交换系统、高效除雾器及在线监测与自动化控制系统等配套关键设备，并实现国产化。研发示范推广脱硫石膏和脱硫废水的资源化技术。

烧结机烟气脱硫技术。加快烧结机烟气脱硫技术的筛选、评价，优化脱硫工艺，完善成套技术装备。研发脱硫副产物的综合利用技术，开展工程示范与应用。

其他多种脱硫技术。在有条件的地区及行业推广氨法、生物法等多种脱硫技术。研发二氧化硫及多种污染物协同控制技术、高硫煤地区火电机组资源回收型脱硫技术。

（4）垃圾焚烧与除尘装备。

在经济比较发达以后，垃圾焚烧处理将成为城市垃圾处理的主要方向。一个日处理千吨规模的焚烧厂，投资在 6 亿元左右。目前全国有 600 多个城市，建设垃圾焚烧成套装置生产基地，将能形成较大的产业规模。消烟除尘在我国有较广泛的产业基础。除尘技术和设备应向既除尘又脱硫的方向发展。

电除尘器。进一步加强对高比电阻、高温、高湿、高含尘浓度以及有效聚合和聚并微细颗粒控制技术的开发；通过合理选型和新技术的有机组合，对原有的电除尘器进行升级改造，满足国家烟尘排放标准，降低能耗。

本体：研发推广移动电极电除尘器、复式双区电除尘器、圆筒型电除尘器、湿式电除尘器、烟气调质技术以及电凝聚等技术。

电源：研发推广高频电源、中频电源、三相电源等高效节能供电电源新技术及智能化控制系统,进一步提高电源系统的稳定性和可靠性。

系统优化:对电除尘器本体及电源新技术进行合理的优化组合,加强电除尘器运行工艺研究,加速开发电除尘器高效稳定运行的综合技术。开展高效电袋复合除尘技术的工程示范应用。

袋式除尘器。进一步开发和拓展袋式除尘器的应用领域,提高袋式除尘器在不同应用领域运行和维护的技术水平。

主机:利用计算机模拟设计,开发低阻、高效、合理气流分布、安全性能高和快装化的大型主机设备;开发小于 PM10 和研究 PM2.5 超细粉尘去除技术。

纤维及滤料:重点实现高强度及耐高温、耐高湿、耐腐蚀纤维的国产化,支持国产聚四氟乙烯(PTFE)、聚酰亚胺(P84)、聚苯硫醚(PPS)、芳纶纤维的工业化生产和推广应用,推广国产高效、低阻和长寿命滤料的生产和应用,提高改性玻纤和复合滤料的技术性能,提升滤袋缝制技术水平,研究失效滤袋的回收和综合利用技术。

配件:研究开发高效清灰技术、大口径脉冲阀、无膜片高压低能耗脉冲阀,推广袋式除尘器智能化控制系统。

(5)噪声污染控制材料与产品。

在噪声污染控制产业中,高架道路、高速公路和高速铁路等所经城镇居民稠密段的防噪吸声屏障、大型设备的噪声控制设备具有很好的市场前景。

(6)环境监测仪器仪表。

虽然这一领域的产值不是很大,但却影响到环保工作和其他环保产业的发展。随着总量控制的深入开展,环境监测工作的加强,对环境监测专用仪器的数量、质量、品种和自动化水平将有更高的要求。该市场的开发关键是重视新产品的开发与生产,并形成一定规模。如污水流量计、采样器、二氧化硫在线监测仪及污染因子快速检测仪等。

(7)脱硝与有机废气治理。

推进火电厂脱硝工程技术应用。建立采用国产催化剂的选择性催化还原(SCR)示范工程,支持国产二氧化钛(TiO_2)载体生产,实现 SCR 技术中纳米级二氧化钛载体的国产化。开发工业锅炉和水泥等其他行业脱硝技术。以石化、制鞋、喷漆、印刷、电子、家具、服装干洗等排放挥发性有机化合物(VOCs)行业的污染治理为重点,开发筛选 VOCs、恶臭治理技术,提升单元净化设备的制造和工艺设计、过程优化和集成技术水平;开发和推广高效吸附材料、催化材料、过滤材料和生物净化菌种等；同时，推进加油站油气污染治理回收。

（8）温室气体减排。

中国已经成为全球排放大国，减排压力很大，大力发展低碳技术和低碳产业，将成为环保产业发展的重要方向。2009 年联合国开发计划署发布了《中国人类发展报告》，对中国迈向低碳经济发展之路进行了探讨，提出了中国实现低碳经济需要进行投资的领域（见表 4 - 6）。

表 4 - 6　中国实现低碳经济的投资领域选择

	近期（2010—2020 年）	中期（2020—2030 年）	远期（2030—2050 年）
电力	超超临界 大规模陆地风力发电 高效天然气发电 第三代大型先进压水堆 特高压输电技术 先进水电技术	IGCC 大规模高岸风力发电 先进地热发电技术 太阳能光伏发电 第二代生物质能	低成本 CCS 技术 第 4 代核能 间歇电源泉大规模蓄电系统 低成本氢能和燃料电池 与长距离输电联网的低成本光伏发电和热发电 智能电风
钢铁	高压干熄焦 喷煤技术 负能炼钢 余热余压回收 能源管理中心 煤调湿技术（CMC） CCPP	SCOPE21 炼焦技术 熔融还原（COREX, PINEX） 先进电炉 焦炉煤气制氢 废弃塑料技术 Itmk3 炼铁技术 薄带钢连铸（Caxtrip）	低成本 CCS 技术
交通	提高单车燃油经济性的发动机技术、传动系技术和整车技术 先进柴油车 铁路电气化 城市轨道交通	混合动力汽车 交通系统信息化和智能化 高速铁路	燃料电池汽车 高效纯电动汽车

（续表）

	近期（2010—2020 年）	中期（2020—2030 年）	远期（2030—2050 年）
水泥	大型新型干法窑 高效粉磨 纯低温余热发电	生态水泥 燃料替代	低成本 CCS 技术
化工	大型合成氨 大型乙烯生产装置 乙烯原料替代	燃料和原材料替代	低成本 CCS 技术
建筑	绿色照明（LED） 新型墙体保温材料 节能电器 热电联产 太阳能热水器	分布式能源系统 热泵技术 热电冷三联供系统 先进通风、空调系统 低成本高效太阳能光伏建筑	高效蓄能技术 零能耗建筑
通用技术	变频调整技术 先进电机	变频调速技术 先进电机	

资料来源：联合国开发计划署，《迈向低碳经济和社会的可持续未来》，2009。

4. 环保服务业

（1）"十二五"环保服务业发展的目标和重点工作。

"十一五"以来，我国大力推进生态环境保护工作，污染物总量控制、重金属污染防治、环境风险防范、农村环境综合整治等方面工作取得重要进展，社会环保服务需求增加，为环保服务业提供了广阔的发展空间。在环保服务市场容量扩大的同时，服务能力进一步增强，服务内容进一步完善，服务质量进一步提高。

据估算，"十一五"期间我国环保服务业收入年均增长率约为30%。到"十一五"末，我国环保服务业年收入总额约为1500亿元，环保产业中环保服务业增加值比重约为15%，从业单位约1.2万个，从业人员约270万人，持有有效环境污染治理设施运营许可证书的单位有2100多个。当前和今后一段时间是我国全面建成小康社会的关键时期，也是环保服务业发展的历史机遇期。

国家环境保护部制定的《关于发展环保服务业的指导意见》提出的环保服务业发展的目标是：环保服务业实现又好又快发展，服务质量显著提高，产业规模较快增长，服务业产值年均增长率达到30%以上。培育一批具有国际竞争力、能够提供高质量环保服务产品的大型企业集团。环保服务业吸纳就业能力显著增强。形成50个左右环保服务年产值在10亿元以上的骨干企业。城镇污水、垃圾和脱硫、脱硝处理设施运行基本实现专业化、市场化。

国家环境保护部制定的《关于发展环保服务业的指导意见》提出了六大重点工作：

规范环境污染治理设施运行服务。按照法律规定和行政审批制度改革的总体要求，进一步完善环境污染治理设施运行服务许可工作，营造规范、有序、统一、公平竞争的运行服务市场环境。进一步探索通过行业组织和企业自律、强化事后监督等方式维护运行服务市场正常秩序的途径，创造条件逐步弱化对市场主体的行政管制和干预。取消对环境污染治理设施运行服务企业的规模歧视和业务范围限制。按照国家污染物排放控制要求，做好环境污染治理设施运行人员的技能培训工作，扩大培训规模，保证培训质量，提高人员素质。鼓励自行运行环境污染治理设施的排污单位运行人员参加技能培训。在环境执法监管工作中，平等对待采用委托运行方式和自行运行方式的排污单位。

开展环保服务业政策试点。针对各地环保服务需求扩大和服务业发展中存在的突出问题，以地级以上城市政府（不含直辖市）和省级以上工业园区管理机构为主体，开展促进环保服务业发展的政策试点工作。试点重点领域包括：改善环境质量与污染介质修复、污染治理、咨询培训与评估、环境认证与符合性评定、环境监测和污染检测、环境投融资和保险等。各地区（园区）的具体试点内容，根据实际需要和具备的基础条件，量力而行、自行确定。要通过试点，提高对环保服务业发展规律的认识，提高环境保护设施建设运行的专业化、市场化、社会化程度，完善与环保服务业相关的金融、税费、价格等体制机制和政策措施，改善环保服务业的发展环境。

建立环保服务业监测统计体系。积极探索建立以现行部门和行业统计制度为基础，以各部门和行业统计数据共享为条件，能够常态化运行的环保服务业监测统计制度，保证统计数据的时效性和利用价值，为科学决策提供可靠支持。按照部门分工，做好部门服务业财务统计工作，公布统计数据。

健全环保技术适用性评价验证服务体系。以为环境保护和污染防治工作提供可靠的技术保障为目标，按照环保技术发展应用的客观规律，全面梳理环保技术评价与推广工作，健全环保技术适用性评价验证服务工作机制，提高服务质量。在政府组织的环保技术适应性评价工作的基础上，建立社会化、多元化、市场化的环保技术评价服务机制，培育权威、中立的社会环保技术评价服务机构，适时开展环保技术适用性验证工作，保障技术应用的一致性和再现性。

完善消费品和污染治理产品环保性能认证服务。要按照国际通行做法和国家相关政策，完善环境友好型消费品认证服务工作，逐步放开认证市场，通过引入竞争机制，提高服务质量和服务水平。做好消费品生产使用废弃过程环境影响知识和信息的传播服务工作，培养消费者形成资源节约型、环境友好型的消费习惯，促进公众生活方式转变。进一步扩大环境友好型消费品认证服务范围。根据环境保护工作需要，做好环境污染治理设备、药剂、仪器等产品的性能认证服务工作。

促进环保相关服务和环保服务贸易发展。以保护生态环境和防治环境污染工作的需要为导向，促进相关的咨询、设计、监测、审核、评估、教育、培训、金融、证券、保险等服务业发展，为各方面环境保护工作提供有力支持。统筹国内和国际两个大局，加快转变对外贸易发展方式，大力发展环保服务国际贸易，提高国内环保服务开放水平，扩大贸易规模，优化贸易结构，提升贸易质量和效益。将环保服务作为今后我国对外援助的优先、重点领域之一。采用"走出去"和"引进来"相结合的方式，提升我国环保服务产品的国际竞争力和影响力。

（2）环境服务业发展的重点领域。

环保服务业发展的重点领域包括四个方面：

环境工程设计及相应服务。在我国环境服务业中，环境工程设计和设备安装施工服务体系是最完善、实力最强、最具市场竞争力的领域。但是环境监测与分析服务业市场还很不发达，业务范围主要涉及环境工程建设运营过程中的各类分析与测试、产品性能测试、室内环境质量和噪声测试等非监督性监测业务。

环境咨询服务。环境咨询是为各类组织（如政府、企业）提供环境决策服务的智力活动。包括环境影响评价、环境管理体系与产品认证咨询、环境培训、其他与环境相关的咨询服务等。环境咨询业是我国较好实现社会化服务的领域，由于起步晚，目前的市场份额还较小，尚未出现规模较大的综合性的环境咨询服务企业（环境顾问公司），多数从业单位是各类环境科研院所，兼从事与环境相关的咨询服务业务。该领域为今后发展的重点。

环境污染治理设施运营服务。环境污染治理设施运营的实质是管理性服务，我国目前主要指对从事城市污水、工业废水、生活垃圾、工业固体废物、废气及放射性废物治理设施的社会化运营和管理。我国环境污染治理设施的社会化、市场化运营才刚刚起步，发展缓慢，总体市场化规模还很小，是我国"十二五"环境服务业发展的重点。

知识型环保科技服务产业。在发达国家的环保产业中，环保咨询业占有相当的份额，其中的环境评价、综合规划，环境工程咨询、监理，清洁生产技术服务及环境标准认定、审核、风险评价，绿色设计服务等都可能形成一定的产业规模。我国上海、北京等发展这类环保科技服务业具有优势，有条件建设成为这一产业的中心。但目前我国的知识型环保科技服务产业规模还微乎其微，这是一个十分重要的产品发展趋势。[①]

四、推动我国环保产业发展的政策建议

1. 制定环保产业中长期发展规划，完善法规，加强政策协调[②]

结合现有的各项环保政策和产业基础，制定环保产业发展的中长期路线图，明确发展思路、主要目标、重点任务和政策措施，壮大产业规模，提升产业竞争力，使之成为新的经济增长点和战略型新兴产业。加强现有政策的整合和各主管部门之间的协调，形成政策合力。尽快制定环保技术研发、产业化和贸易的促进政策，加快自主创新和技术引进步伐。培育一批具有核心竞争力的骨干企业，带动环保设备制造业和服务业的快速发展。我国应该继续鼓励在促进节能环保技术自主创新的同时，推进在节能环保技术成果转化、财税、政府采购、知识产权、科技基础设施等方面的政策环境建设。一方面，加大对节能环保领域基础研发和前沿技术探索的支持力度；另一方面，要把配套政策聚焦到支持产品研发的前端和推广应用的后端。此外，鉴于环保领域的关键技术研发周期一般比较长的特性，尤其要注重节能环保技术的知识产权保护。

完善以环境保护法律、节约能源法、循环经济促进法、清洁生产促进法等为核心，配套法规相协调的节能环保法律法规体系。研究建立生产者责任延伸制度，逐步建立相关废弃产品回收处理基金，研究制定强制回收产品目录和包装物管理办法。通过制（修）订节能环保标准，充分发挥标准对产业发展的催生促进作用。逐步提高重点用能产品能效标准，修订提高重点行业能耗限额强

---

① 武普照、刘萍：《促进环保产业发展的政策选择》，《山东财政学院学报》，2008 年第 2 期。

② 《加快环保产业发展的思路和建议》，http：//www.tacz.gov.cn/.

制性标准，建立能效"领跑者"标准制度，强化总量控制和有毒有害污染物排放控制要求，完善污染物排放标准体系。

2. 提高环保监管水平，强化需求侧激励

一方面要参照我国的实际情况，逐步提升环境标准的限制水平，提高工业废水、生活污水，燃煤电厂和工业大气污染物，汽车尾气的排放标准，强化家电、汽车部件生产商在废旧产品回收方面的责任。另一方面要加大环保执法力度和对违规企业的处罚力度。政府应投入一部分资金建立环境办公自动化系统、智能化在线连续环境监控系统、环保技术和项目的评价平台，提高执法的科技含量，尽量杜绝环境执法过程中的人为因素；加强对执法人员的专业培训，提高其执法水平；采用司法、行政、征信和舆论手段相结合的方式强化监督力度，敦促排污企业自觉采用环保措施。

3. 实施环保技术促进战略，提高技术水平

尽快组织各方力量，制定系统的环保产业技术促进战略，建立环保技术从"实验室"到"市场"的保障机制。一要加强政府引导力度，突出企业在研发、应用过程当中的主体作用，力争中央财政科技支出当中环保项目投入达到0.8%，接近日本2005年的水平。同时，鼓励环保企业尤其是民营企业参与国家环保建设的重大专项课题，充分发挥产学研的协同优势，加速优秀环保科技项目的转化和产业化。扶持以企业为中心的技术创新体系，采用"先期贷款、后期以奖代补"的形式，支持环保企业开展技术改造、研发和引进。二要完善环保技术规范体系建设。建立环保行业的技术验证平台和产品测试平台，确保环保技术和装备具有较高的性能和品质。国外的经验表明，环境技术验证制度（ETV）可以较好地排除人为因素干扰，全面客观地反映环境技术效能和环保产品质量，建议积极推行试点。对环境工程和设备实行监理制度，将潜在的技术风险和质量风险消灭在建设过程当中。三要建立环境技术贸易的促进机制。设立专门的环保装备和服务贸易促进机构，消除贸易过程中存在的体制、资金和信息障碍。我国应该加大节能环保技术的试点推广，加快示范工程建设，从而推动节能环保产业工作全面有序开展。如，建立废旧电器、废电池、废塑料等再生资源分拣、分选、拆解、分离、无害化处理、高附加值利用技术等资源循环利用关键技术研发及产业化示范工程。

4. 加大财政投入，完善多元化的投融资体制

我国环保投资和营运资金需求较大。一方面，政府可以通过财政直接拨付、设立环保设施运行基金、发行国债或地方政府债券的形式增加投入力度，力争使财政资金占 GDP 的比重超过 0.6%，约占整个环保投入的1/3。如果开征环境税，部分税收收入也可以计入环保基金。另一方面，应该向外资和民营资本开放投资领域，扩大财政资金的乘数效应，尽可能撬动更多的社会资本。环保项目建设和产品采购要实行公开透明的招标，破除地方保护和垄断。积极利用资本市场，开发新的金融工具，创新融资手段，通过创业板上市、发债、担保、项目融资、环保产业基金等多种方式吸收社会资本。

鼓励银行业金融机构在满足监管要求的前提下，积极开展金融创新，加大对节能环保产业的支持力度。按照政策规定，探索将特许经营权、收费权等纳入贷款抵押担保物范围。建立银行绿色评级制度，将绿色信贷成效作为对银行机构进行监管和绩效评价的要素。鼓励信用担保机构加大对资质好、管理规范的节能环保企业的融资担保支持力度。支持符合条件的节能环保企业发行企业债券、中小企业集合债券、短期融资券、中期票据等，重点用于环保设施和再生资源回收利用设施建设。选择若干资质条件较好的节能环保企业，开展非公开发行企业债券试点。支持符合条件的节能环保企业上市融资。研究设立节能环保产业投资基金。推动落实支持循环经济发展的投融资政策措施。鼓励和引导民间投资和外资进入节能环保产业领域，支持民间资本进入污水、垃圾处理等市政公用事业建设。

政策要点：《关于支持循环经济发展的投融资政策措施意见的通知》

通知提出，要充分发挥政府规划、投资、产业和价格政策的引导作用。

（一）制定循环经济发展规划。各地循环经济发展综合管理部门要会同有关部门，按照《循环经济促进法》的要求，因地制宜，制定本地区"十二五"循环经济发展规划。发展规划应当包括规划目标、适用范围、主要内容、重点任务和保障措施等，并规定资源产出率、废物再利用和资源化率等指标。要把发展循环经济作为编制地区"十二五"规划的重要指导原则，放在重要位置，用循环经济理念指导编制各类专项规划、区域规划以及城市规划。要通过编制规划，确定发展循环经济的重点领域、重点工程和重大项目，为社会资金投向循环经济指明方向。国家发展改革委将适时发布地方循环经济发展规划编制

指南。

（二）加大对循环经济投资的支持力度。各地发展改革委在制订和实施投资计划时，要将"减量化、再利用、资源化"等循环经济项目列为重点投资领域。对发展循环经济的重大项目和技术示范产业化项目，要采用直接投资或资金补助、贷款贴息等方式加大支持力度，充分发挥政府投资对社会投资的引导作用。

（三）研究完善促进循环经济发展的产业政策。各地发展改革委要依据国家产业结构调整的有关规定，立足现有基础和比较优势，认真清理限制循环经济发展的不合理规定，制定并细化有利于循环经济发展的产业政策体系，引导社会资金投向资源循环利用产业，加大循环经济技术、装备和产品的示范、推广力度，形成新的经济增长点。

（四）研究促进循环经济发展的相关价格和收费政策。各地发展改革委（价格主管部门）要逐步建立能够反映资源稀缺程度、环境损害成本的价格机制。鼓励实施居民生活用水阶梯式水价制度，合理确定再生水价格，提高水资源重复利用水平。要合理调整污水和垃圾处理费、排污费等收费标准，鼓励企业实现"零排放"。要通过调整价格和完善收费政策，引导消费者使用节能、节水、节材和资源循环利用产品，引导社会资金加大对循环经济项目的投入。

5. 实现资源环境的合理定价，完善市场激励机制

一要根据环保服务设施的运营成本，适当提高排污费征收标准，并加强对污水排放和生活垃圾处理费的征收力度。对于家电、电子、汽车等废弃物处理，要逐步落实生产者责任延伸制度。二要修订现行法规当中关于排污总量控制的目标设定、排污量检测和适用对象规定，完善初始排污权的分配机制，规范排污权交易市场，组建专业的排污权中介机构，推动排污权抵押贷款研究和试点，逐步扩大排污权交易规模。三要逐步开征环境税。目前国外的环境税种类主要包括二氧化硫税、水污染税、噪声税、固体废物税和垃圾税等，而我国仅有资源税、消费税、城市建设维护税、车船使用税、固定资产投资方向调节税和土地使用税等针对环境保护的间接性税收。

加快推进资源性产品价格改革。研究制定鼓励余热余压发电及背压热电的上网和价格政策。完善电力峰谷分时电价政策。对能源消耗超过国家和地区规定的单位产品能耗（电耗）限额标准的企业和产品，实行惩罚性电价。严格落

实脱硫电价，研究制定燃煤电厂脱硝电价政策。深化市政公用事业市场化改革，进一步完善污水处理费政策，研究将污泥处理费用逐步纳入污水处理成本，研究完善对自备水源用户征收污水处理费制度。改进垃圾处理收费方式，合理确定收费载体和标准，降低收取成本，提高收缴率。对于城镇污水垃圾处理设施、"城市矿产"示范基地、集中资源化处理中心等国家支持的项目用地，在土地利用年度计划安排中给予重点保障。

6. 扩大税收优惠覆盖范围，事前扶持和事后鼓励并用，加大财政税收支持力度

在现行的《环境保护专用设备企业所得税优惠目录》基础上进一步扩大税收优惠范围，优惠力度要逐步从环保装备制造业向环保服务业倾斜，优惠方式注意事前扶持和事后鼓励并用。对于从事环保技术研发的企业，在技术开发前期税收优惠要侧重于事前扶持，实行费用扣除和税收减免的双重优惠；在技术开发后期优惠重点要更倾向事后鼓励，比如免征或少征所得税。对于从事环保设施营运服务的企业，可以适度减免其营业税、所得税、土地使用税，同时实行投资抵扣和加速折旧。

各级政府要安排财政资金支持和引导节能环保产业发展。安排中央财政节能减排和循环经济发展专项资金，采取补助、贴息、奖励等方式，支持节能减排重点工程和节能环保产业发展重点工程，加快推行合同能源管理。中央预算内投资和其他中央财政专项资金，要加大对节能环保产业的支持力度。国有资本经营预算优先安排企业实施节能环保项目。严格落实并不断完善现有节能、节水、环境保护、资源综合利用税收优惠政策。全面改革资源税。积极推进环境税费改革。落实节能服务公司实施合同能源管理项目税收优惠政策。

7. 完善进出口政策

通过完善出口卖方信贷和买方信贷政策，鼓励节能环保设备由以单机出口为主向以成套供货为主的设备总承包和工程总承包转变；安排对外援助时，根据对外工作需要和受援国要求，积极安排公共环境基础设施、工业污染防治设施建设等节能环保项目。建立进口再生资源加工区，强化联合监管，积极完善与国际规则、国际惯例相适应，且有利于我国获取国际再生资源、促进国内节能环保产业健康发展的进口管理体制机制。对用于制造大型节能环保设备确有必要进口的关键零部件及原材料，研究免征进口关税和进口增值税。

案例分析：上海构建节能环保完整产业链①

重点建设青草沙"国内最大蓄淡避咸河口江心水库"、浦东威立雅"供水管道漏失监测与控制"6个节能与减排示范点，为改善城市生活环境，实现社会经济的可持续发展发挥作用；虹桥商务区、崇明县、长宁区虹桥地区等首批8个低碳发展实践区启动试点；浦东新区成为全市首个排污权交易试点区域……"十二五"开局伊始，上海就在节能环保领域推出一系列举措。

上海环保产业目前处于"生产包围服务"的格局。从上海具体区县来看，浦东新区的节能环保产业规模最大，大型环保企业数量最多；闵行区的产品型环保企业最为活跃；而位于上海中心区域的虹口、杨浦、徐汇则分别在节能产权交易平台建设、节能产业技术研发高地、产业研究与开发服务等方面占据优势。

从具体企业层面来看，上海在节能环保产业方面也具有诸多亮点。比如，华能上海石洞口第二电厂拥有世界火电行业最大的10万吨级二氧化碳捕集装置，经过近两年的性能测试，其实际产能可以满足上海整个市场需求量的近2/3。宝钢自1985年一期投产，到二期、三期、"十一五"规划建设项目投产，一大批包括余热回收在内的节能装备随着主生产工艺同时建成投运。数据表明，2010年宝钢集团的核心企业宝钢股份公司回收余热余压等余能资源达到233万吨标煤，比2006年多回收95万吨标煤，占公司总用能量的12%，折合人民币41.29亿元，余热余压等余能发电达到11.56亿千瓦时，余能资源利用率达到70%以上。

依据上海自身禀赋和现状，业内专家建议，上海发展节能环保产业，一要完善产业推进体系，明确扶持重点，建立产业统计评估体系；二要提高行业集中水平，加强载体建设，促进产业空间集聚，同时培育龙头企业，打造产业集群；三要培育节能环保市场体系，建立适合产业发展的良好外部环境；四要提升创新能力，在推进技术创新的同时，尤其要注重创新金融服务手段，促进环境金融的发展。

近期，上海环交所还将对上海首批共9家重点工业企业展开碳核算，借助清洁发展机制项目和自愿碳减排项目平台的成功运作，上海渐渐形成国内最大

---

① 李治国：《上海构建节能环保完整产业链》，经济日报，2011 - 7 - 12。

规模的碳交易市场。

上海正在打造以上海花园坊节能环保产业园为代表的一批新型节能环保产业园区。花园坊节能环保产业园区总经理张国新表示，整个园区将重点解决产业链问题，目前已引进包括上海环境能源交易所在内的 10 多个国内外节能环保机构，将打造成为立足上海、服务长三角地区的节能环保产业领域的合作发展平台和集成商务区。

第五章　环保产业发展案例研究

一、广东环保产业发展思路及对策

1.　广东发展环保产业的战略意义

加快发展环保产业对于实现经济转型发展，构建绿色、和谐广东具有重要的现实和战略意义。

发展环保产业是国际产业发展的重要趋势。环保产业在发达国家国民经济中占有重要的地位，环保产业年总产值约占 GDP 的 3%，近年来，其增长率远远超过全球经济增长率，成为各个国家重视的朝阳产业。日本环保技术已同电子技术和汽车技术并列为三大先进技术，成为国民经济的重要支柱。环保产业已经发展到一个相对成熟的阶段，业务领域日益拓展，开始向多种新产业和服务部门延伸。在国家层面上，未来数十年世界各国的角力场就在与节能低碳环保相关的产业上，谁在这个产业上领先，谁就能争取到更多的发展权。广东大力发展环保产业符合国际和国家发展的大势。

加快发展环保产业是推进广东可持续发展的必然选择。环保产业是世界公认的高技术产业，生物、微电子、计算机、新材料技术广泛应用于环保产业，随着技术和服务水平的不断提高，环保产业的发展还将带动机电、钢铁、有色金属、化工产品、仪表仪器等行业的发展。环保产业已不仅局限于服务污染治理，而将在推动技术创新、实现清洁生产、引领广东省各行业产业升级和技术进步等方面起到更积极的作用。加快节能环保产业化进程，可以从根本上优化能源结构、减少煤炭消耗、促进节能减排、保护生态环境、缓解能源约束，保障能源和经济社会的可持续发展。

实施绿色广东战略急需环保产业提供重要技术保障。建设绿色广东要求发展循环经济、建设绿色环境、构筑绿色生态、倡导绿色消费等，内容均与环保产业涵盖各领域的发展息息相关，需要环保产业提供重要的技术支持。广东省目前的粗放型增长方式导致了环境污染，区域生态功能遭到破坏，严重制约了广东省社会经济发展的可持续性。在资源环境的硬约束中，传统的高投入、高能耗、高消耗的发展方式已经难以为继，广东必定率先走上科学发展、转变发展方式之路。实现建设绿色广东、和谐广东的宏伟目标，必须加快发展环保产业，为污染防治、废物循环利用和资源节约提供先进的技术、装备、产品和服务。

2. 广东环保产业发展概况

（1）发展历程。

在政府的重视和支持下，环保产业已经成为广东省的一个新兴产业，从其发展历程来看，大体可以划分三个阶段：①

第一阶段为环保产业的萌芽期，主要指 1949—1985 年以前。环保活动主要集中于有色及黑色冶炼化工、轻工、煤炭等行业的"三废"综合利用及供销部门回收利用社会废旧物资等，其产品主要是环保设备的生产，但是基本是自用的，市场兼容性小，技术力量也非常薄弱。比如佛山分析仪器厂、广东医疗器械厂、茂名电子设备厂等都自己生产相关的环保设备。这个时期先后成立了一批环保产业科研院所和环境保护服务企业，初步形成了环保产业技术开发、工程设计、咨询服务、产品生产等方面构成的广东省环保产业专家队伍。

第二阶段为环保产业的成长阶段，主要指 1986—1992 年。以广东省环保工业协会（即现在的广东省环保产业协会）成立为标志，环保产业逐渐规范起来，并取得良好的发展成绩。环保咨询单位由起初的 80 多家发展到 120 多家；技术水平和技术含量进一步提高，环保产品质量得到明显提高，年销售值由期初的 1.5 亿元增至期末的 3 亿元，其中中山大学开发的气浮和絮凝床技术及装置成功打入美国市场。

第三阶段为环保产业的加速发展期，主要指 1992 年至今。这一阶段，环保产业得到调整，环保产业的概念也由狭义过渡到广义，自然生态保护也被纳入到环境保护服务业里面，环保产业由环保产品生产、环保服务业、资源综合

① 胡光华：《广东环保产业现状研究——基于 SCP 架构分析》，暨南大学出版社，2008 年。

利用、洁净产品生产四个方面构成。行业管理体系日渐完善，广东省环保局等相关部门还组织环保优秀示范工程评选，起到较好的示范效果。这时期，广东省还引进国外许多环保先进技术，通过 BOT 等形式加快环保企业的营运和治理。这一阶段，在经济建设迅猛发展的同时，节能减排、保护生态环境、发展循环经济等措施得到完善和加强，环保装备和技术得到推广，环保服务业也正在急速发展。①

（2）发展现状。

广东省环保产业从 1986 年进入快速成长时期，经过将近 30 年的发展，取得了显著的成果。逐步发展成跨领域、跨行业、多种经济形式并存的综合型新兴产业，在调整结构、扩大内需、增加就业、推动经济发展中发挥着重要作用。

环保产业增长速度高于同期国民经济增长速度。环保产业年收入总额全国排名第三，"十五"时期，全省环保产业一直保持较快的发展速度，2000—2004 年间年均增长率达到 30.47%，远高于同期国民经济增长速度；"十一五"时期，环保产业成为国民经济新的增长点，2009 年全省环保产品生产和环境服务业这两项传统污染治理领域的收入为 148.03 亿元，发展潜力巨大。全省环保产业发展以珠江三角洲的中心城市为主，珠江三角洲地区环保产业产值占全省的近 90%。2010 年广东省节能环保产业总产值达 2400 亿元，占全省生产总值的 5.28%，约占全国节能环保产业产值的 10%。其中，节能产业产值 700 亿元，环保产业产值 1700 亿元。

服务业市场化居全国前列。截至 2010 年年底，广东省向社会公布 92 家省节能技术服务机构名单，其中 75 家列入国家备案名单；41 项节能技术、15 项节能设备（产品）入编《广东省节能技术、设备（产品）推荐目录》，节能服务水平日益提高。我省认定清洁生产技术服务单位 80 家，全省清洁生产审核工作稳步推进。全省共有 206 家企业取得国家环境污染设施运营资质，约占全国持证企业总数的 13%。环保项目设计施工与投资运营已成为环保产业重要的增长点，涌现出一大批以 BOT、TOT 模式建设或运营的环境工程项目（特别是城市污水处理厂），其中东莞市 36 座污水处理厂全部采用 BOT 模式，广业环保集团以 BOT 模式建设运营我省 58 座城市生活污水厂。我省资源综合利用企业 800 多家，其中经省主管部门认定的共 278 家，2010 年综合利用固废、废液、

---

① 胡光华：《广东环保产业现状研究——基于 SCP 架构分析》，暨南大学出版社，2008 年。

废气生产产品产值达到 124.28 亿元（不含资源综合利用电厂），比 2005 年增长 34.32%。资源循环利用已从废物利用发展到集初加工利用和深加工于一体的、行业门类比较齐全的产业体系，形成了一批在全国有重要影响的资源综合利用龙头企业。

形成一批具有良好发展潜力的高质量企业。截至 2008 年年底，广东省共有 160 家环保企业取得国家环境污染设施运营资质，约占全国持证企业总数的 13%，年收入达 150 亿元，环保产业综合实力在国内各省市位居前列。广东省现有 11 个单位获得环境工程专项设计甲级资质，110 个单位获得环境工程设计乙级资质，拥有环境污染设施运营资质的单位近 150 家，并有 4 家环保企业在境外上市。2006 年广东有 21 家企业获得"国家环保骨干企业"称号，仅次于江苏省和北京市，列全国第三。据统计，2004 年环保产业年收入总额超过 500 亿元，全省牛收入超过 5000 万元的环保相关产业企业 166 家，有 79 家年收入超过亿元。随着广东各级政府对节能环保产业技术创新扶持力度的逐渐加大，企业自身对节能环保技术开发和推广力度不断增强，科技水平和自主创新能力不断提高，节能环保企业逐渐向规模化发展，涌现了一批年产值超 10 亿元的企业，培育了一批节能环保骨干企业，它们在印染、电镀、线路板、养殖等行业废水治理和危险废物处理处置等方面拥有较为完善的技术体系，在城市污水处理、工业废水处理、垃圾焚烧发电、噪声治理和环境监测等领域具备自行设计及制造成套设备的能力。资源综合利用处理技术体系逐渐完善，废塑料深加工、粉煤灰、煤矸石、危险废物等固废综合利用技术达到国内领先水平。LED 系列高效节能照明、智能电网等节能技术设备在全国处于领先地位。

环保产业储备了一批先进技术和专业人才。广东省环保技术开发和推广力度不断加大，出现了一批环保新技术、新工艺和新产品，积聚、培育了一批具有高水平的专业人才。工业废水治理技术处于国内领先水平，尤其在印染、电镀、线路板、造纸、养殖等行业，废水治理领域都拥有完善的治理技术体系，在国家百佳工程和示范工程的评选中，有 30 余个项目获奖。在城市生活污水、垃圾处理、火电厂脱硫三大主要领域的部分技术、装备水平达到国内先进水平，多家企业拥有环保技术发明专利。广东省拥有一支较强的专业技术人员队伍，全省拥有环保专业技术人员 12 万余人（仅统计国有单位和年产值超 200 万元的企业），其中高级职称 3000 多人，中级职称 7000 多人。

减污减排成绩突出，环境不断得到改善。2008 年，已建成烟气脱硫的火电机组总装机容量达 2780 万千瓦，全省共开展城市河段和河涌综合整治工程 600

多项，已基本完成450项。工业废水排放达标率达89.7%。21个地级以上城市空气质量全部达到国家二级标准，主要江河、重要水库和珠江三角洲河流干流水道水质优良。江河断面水质优良率达68.1%。2008年，全省67个近岸海域功能区水质达标率达95.5%。饮用水源地水质总达标率为94.2%，森林覆盖率达56.3%，全省共建成各类型自然保护区367个。2009年二氧化硫和化学需氧量排放总量分别比2008年下降5.76%和5.28%，二氧化硫和化学需氧量排放总量连续4年实现"双下降"。至2009年年底，全省共建成污水处理设施239座，污水处理能力达到1350多万吨/日。城乡环境景观得到积极改善，全省环境质量总体保持稳定。

 延伸阅读

绿色能源将成粤新增长点①

近几年广东发展新能源产业已初具规模，积极发展风力发电场和太阳能利用工程，目前在运及在建风电场总装机容量约100万千瓦，深圳市和汕头市分别建成1000千瓦和100千瓦两个并网太阳能光伏发电系统。

我国三大动力集团之一的东方电气集团在广州南沙投资成立了东方电气（广州）重型机器有限公司，形成年产2套百万千瓦级核岛蒸发器、反应堆压力容器和常规岛汽水分离器等核电主设备生产能力，并已初步形成产业链。在风电设备方面，以广东中山阳明电气集团有限公司为代表，省内已具有一批风电设备制造和技术研发企业。深圳比亚迪公司致力于电动汽车的研发和生产，已向市场推出自主研发的外充电式混合动力双模电动汽车。佛山、东莞等地发展LED产业已初具规模，逐渐形成新的产业集群。

截至2008年年底，水电、核电、气电、风电等清洁能源占全省电源装机的32.5%，清洁能源基础设施建设显著加快。广东的目标是争取到2020年实现全省核电装机容量达到2400万千瓦，把我省建设成为我国最重要的核电基地。

（3）存在问题。

尽管广东环保产业发展较快，但广东环保产业总体份额仍然偏小，有调研

---

① 广东省科技厅：《广东新能源战略蓝图初显，绿色能源将成粤新增长点》，《广东科技》，2009年第19期。

显示，2004—2009 年，广东环保产业收入总额年均增长达 30%，远高于同期 GDP 增速，但份额仍然偏小，不到 GDP 的 0.4%。环保产业规模对于珠江三角洲地区环境治理而言相对不足，同时，发展水平比国外发达国家滞后，技术水平低。广东环保产业体系的不足之处具体体现为：

政策扶持体系不完善。在政策方面，国家提出了许多扶持和促进环保产业发展的大政策，但一直没有具体的实施细则出台，影响了这些政策的贯彻落实。环境污染治理市场化、产业化缺乏具体的配套政策，信贷等优惠政策难以兑现。关于产业组织合理化的微观组织政策指导相对偏弱，导致产业组织政策不够完善和系统。

产业标准体系缺乏。大多数环保技术和产品没有规范和标准，行业规范条例的建设一直落后于产业的发展，还未完全形成企业公平竞争的市场环境，恶性竞争、低价竞争、地方保护和行业垄断等影响产业的健康发展，企业发展规模受到限制。

产品结构不合理。传统污染治理的环保产品生产和环境保护服务业两个领域年收入总额占全省环保产业总收入的 10% 不到，大部分的收入由资源综合利用和洁净产品生产贡献。环保设备成套化、系列化、标准化、国产化水平低，低水平重复生产现象严重。而欧美发达国家在污染治理、预防的产品及技术服务领域占环保产业总收入的 70% 左右。

自主创新能力不强。广东省绝大多数环保企业的科研、设计力量较薄弱，技术开发力量主要分布在大专院校、研究院所，以企业为主体的技术开发和创新体系力量还相当薄弱，技术开发投入不足，缺乏示范工程和产业化扶持机制，影响环保高新技术产业化。

企业规模整体偏小。广东省环保产业起点较低，经济规模偏小，还未形成一批大型骨干企业或企业集团。目前大型环保企业只占全省环保企业总数的 4.6%（其中约 65% 为兼营），近 90% 都是小型企业。总体呈现规模小、分散的特点，缺乏在全国具有影响力的旗舰式企业。

企业环保意识薄弱。排污企业环境意识不高，目前仍存在少数企业污染治理设施停运、偷排的现象，使环保产业的现实市场与预期及实际需求有较大差距，影响了环保产业发展。

3. 广东环保产业发展环境

（1）环保产业已成为风靡全球的新兴产业。

近年来，由温室气体排放所引起的地球气候变暖问题已成为国际社会关注的焦点。推行低碳经济，发展低能耗、低排放的环保产业将成为应对气候变化的必然选择。同时，欧美、日本等发达国家经过多年技术和资金积累，环保产业发展基本成熟，在国民经济中所占比重逐年加大，节能产品制造和节能服务业呈快速发展态势。2008 年下半年以来，随着国际金融危机蔓延，通过发展绿色经济应对金融危机已成为全球共识。美国、加拿大、日本、欧盟等发达国家和地区已开始投入全球性绿色制造行动，这将极大推动全球节能环保产业发展。

（2）我国环保产业正处于加快发展战略机遇期。

党的十七大报告强调"大力发展环保产业"，要求"开发和推广节能、替代、循环利用和治理污染的先进适用技术"。党中央、国务院将单位国内生产总值能源消耗降低 16%，单位国内生产总值二氧化碳排放降低 17%。主要污染物排放总量显著减少，化学需氧量、二氧化硫排放分别下降 8%，氨氮、氮氧化物排放分别下降 10%，列入"十二五"经济和社会发展约束性目标，将节能减排作为调整经济结构、转变发展方式的突破口和重要抓手，实行节能减排目标责任评价考核，实施节能、环保设备，资源综合利用产品税收优惠和节能改造财政奖励等一系列政策措施。国家在保增长、扩内需、调结构、惠民生一揽子计划中，鼓励扩大城镇污水与垃圾处理设施建设、重点流域水污染防治和生态建设工程的投资。循环经济理念逐步深入人心、公众对生活质量要求不断提高，为资源综合利用、洁净产品的发展带来了更广阔的市场，环保产业面临极好的发展机遇。

（3）广东转变发展方式的要求扩大了环保产业需求。①

根据发达国家的经验，一个地区在经济高速增长时期，环保投入要在一定时间内持续稳定占到国民生产总值的 1% ~ 1.5%，才能有效地控制污染；达到 3% 才能使环境质量得到明显改善。2009 年广东环保产业产值占 GDP 的比重为 0.4%，珠江三角洲正处于工业化中期，加快工业化进程、促进经济结构优化升级的空间巨大。大力发展环保产业，有利于实现省委、省政府提出的经济增长方式由粗放型向集约型、循环型转变的目标。此外，2009 年 11 月，国务院提出到 2020 年，单位国内生产总值二氧化碳排放比 2005 年下降 40% ~ 45%，控制温室气体排放的行动目标，并将其作为约束性指标纳入国民经济和社会发

---

① 《珠三角地区欲成为中国节能环保产业核心》，《南方日报》，2010 年 11 月 11 日。

展中长期规划，采取有力措施加以推进。这必将为节能环保产业发展带来前所未有的机遇。2011 年 5 月颁布的《广东国民经济和社会发展第十二个五年规划》中要求：到 2015 年，全省单位生产总值能源消耗降低、单位生产总值二氧化碳排放减少、主要污染物排放减少量达到国家下达的约束性指标要求。全省各县均建成 1 座城镇生活垃圾无害化处理设施，城镇生活垃圾无害化处理率达 80% 以上，其中珠江三角洲地区达到 85% 以上；重点监管单位危险废物安全处理处置率达到 100%，工业固体废物综合利用率达到 85%。节能减排是关系到全社会、全行业的重要工作，其目标实现必须依靠每个行业涉及的环保产业技术作为推动。广东省生态建设与环境保护力度的不断加大为环保产业发展提供了重要的市场机遇，实施节能减排、推行循环经济、实施清洁生产将进一步拓展广东省环保产业服务领域和发展空间，泛珠三角区域合作为广东省环保产业提供了更加广阔的市场。①

（4）环保产业具有良好的发展基础及环境，但也面临严峻的挑战。

发达国家的节能环保企业正向综合化、大型化、集团化方向发展，技术向深度化、尖端化发展，产品向标准化、成套化、系列化方向发展。美国、日本和欧盟凭借其优势和垄断地位，主导全球节能环保产业市场，采取多种措施鼓励节能环保技术和产品出口，发展中国家成为其争夺的目标市场。广东经济基础较好，开放程度高，节能环保产业市场空间大，吸引了众多国际知名企业竞相角逐。在大型污水处理厂、城市垃圾资源化处理等领域展示了强劲实力，但同时国际性竞争的压力也在加剧。

4. 广东环保产业发展思路及重点

（1）发展思路。

《广东省环保产业"十一五"规划》明确提出要坚持以邓小平理论和"三个代表"重要思想为指导，深入贯彻落实科学发展观，围绕建设绿色广东、和谐广东的宏伟目标，以污染防治为主线，以促进环保产业技术进步和产业升级为着力点，大力推进重点领域关键技术和装备的研发示范推广，支持创新型骨干企业加快发展，进一步发挥行业协会的服务职能，积极促进政策引导和市场监管机制建设，努力突破制约环保产业健康发展的瓶颈，推动环保产业又好又快发展，为经济社会和环境保护可持续发展提供坚实的产业支撑。抓住实施各

---

① 节能环保产业中国蛋糕超万亿. 广东：工业先锋变低碳试点.《南方日报》，2011 年 11 月。

项环境保护规划的机遇，以市场需求为导向，加快提升产业技术水平，提高自主创新水平，创新产业经营模式和规范环保产业市场，不断增强产业核心竞争力，逐步形成一个技术先进、市场竞争力强、结构及布局合理的环保产业体系。

《广东省"十二五"节能环保产业发展规划》明确提出，在节能环保产业发展上，要深入贯彻落实科学发展观，紧紧围绕"加快转型升级、建设幸福广东"这一核心任务，贯彻实施《珠江三角洲地区改革发展规划纲要（2008—2020 年）》，以扩大全省节能环保产业规模和提升节能环保产业整体实力为目标，以市场需求为导向，以企业为主体，以自主创新为动力，以重点工程和基地园区建设为着力点，强化政策引导，规范市场运作，加大资金投入，增强节能环保产业核心竞争力，把节能环保产业培育成为我省新的支柱产业，为加快经济发展方式转变和建设资源节约型、环境友好型社会做出积极贡献。

在发展的目标上，广东省的总体目标是，将节能环保产业培育成为新的支柱产业之一，为完成我省的"十二五"节能目标任务提供物质基础和技术支撑。重点实施节能环保产业高新技术示范工程和装备国产化项目，建立产学研技术创新联盟，研发一批拥有核心技术和自主知识产权的节能环保技术及产品，培育发展一批"专精特新"优势节能环保企业，建设 10 个省级节能环保产业园区和基地，提升全省节能环保产业整体实力，产业规模和发展水平居国内前列。

具体目标为：

产业规模不断壮大。产值年均增长 20% 以上，到 2015 年，年总产值达6000 亿元，其中，节能产业年产值达到 1800 亿元，环保产业年产值达到 4200亿元（环保设备及服务业产值 1500 亿元，资源循环利用产业产值 2700 亿元）。着力培育若干家产业竞争力强的节能环保龙头骨干企业，到 2015 年，力争年产值超 50 亿元的企业达 10 家，超 10 亿元的企业 50 家以上。

产业结构逐步优化。到 2015 年，建立起较完善的产业组织体系和技术服务体系，基本形成优势主导产业链，产品种类更加齐全、技术水平更加先进、服务范围更加广泛，实现产业集群优势，具备较强的国际及区域产业竞争力。

产业技术水平显著提高。到 2015 年，争取建设 10 家省级以上企业技术中心、工程技术研发中心或工程实验室。建立健全多层次的技术创新体系，形成较强的节能环保产业自主研发能力，部分节能环保装备、技术和产品达到国际先进水平，形成一批拥有自主知识产权和核心竞争力的自主品牌装备和产品。

（2）重点领域。①

根据广东省环保产业发展"十二五"规划，广东发展环保产业的重点领域如下。

①环境治理领域。

a. 大气污染防治技术和设备。重点研发燃煤电厂和大中型工业装置脱硫、脱硝、除尘高效处理工艺和设备，大力研发多种大气污染物协同控制技术，研发脱硫、脱硝设施分散控制系统（DCS）。重点支持大型电袋复合除尘器、烟气脱硫除雾器等技术装备及脱硫、脱硝、除尘设备关键零部件的自主研发和国产化。研发推广满足欧Ⅲ及以上标准的机动车尾气净化装置。发展适用于南方高湿度环境的工业有机废气（VOCs）、恶臭治理技术集成装备及餐饮油烟净化装置，引导发展城市污水处理厂废气生物处理技术和设备。

b. 水污染防治技术和设备。大力发展高效节能生物脱氮除磷技术。开发适用于中小城镇和农村生活污水处理的分散式污水处理技术和成套化设备。重点研发推广湖泊河涌生态修复、城市生活污水处理厂升级设备及污泥处理处置等技术和设备，研发污水处理设施分散控制系统（DCS）。大力发展多功能组合式工艺处理高浓度有机废水、工业废水深度处理及回用、中水处理及回收利用等技术和设备，大力推广膜处理、工业园区废水集中处理及资源化等技术和设备。重点发展高效节能污水处理成套化装备，引导发展微污染物污水成套处理和移动式医疗污水处理设备。

c. 垃圾处理处置技术和设备。重点发展大中型生活垃圾焚烧炉及烟气系统、大型填埋场气体发电、垃圾渗滤液处理等技术和设备。大力研发生活垃圾分类收集、资源化无害化综合回收利用等技术和设备。鼓励发展餐厨垃圾处理、综合利用技术和成套化装置，探索建设餐厨垃圾无害化、密闭化、专业化处理体系。

d. 环境污染监测技术和设备。重点发展污染源在线连续自动监测集成技术和设备，研发重金属快速检测技术，支持具有自主知识产权的技术和设备产业化。鼓励发展适应市场需求的便携式和车载式应急检测装置。

e. 噪声污染控制技术和设备。重点发展应用于大型高噪声企业的噪声防治技术和设备，大力推广低频宽频带吸声材料和隔振技术，加强新型低频宽频带减振装置的应用。

———————————

① 邢志强、金世哲：《关于发展节能环保产业的几点思考》，《应用能源技术》，2010 年第 10 期。

f. 生态治理技术。开展受污染土壤、水体等污染治理与修复试点示范，鼓励发展持久性有机污染物和重金属土壤污染综合治理、修复及回收技术，加强对重大环境风险源的动态监测与风险预警。

g. 清洁生产技术和设备。重点发展应用于重污染、高能耗、高耗水行业的清洁生产技术和设备。鼓励发展工业水回用于工艺水、循环水及杂用水的技术和设备，引导研发城市污水再生回用技术和设备。

h. 环保材料与药剂。开发废水处理与污水净化用的高效絮凝剂、沉淀剂、吸附剂和环境生物制剂，重点研发面向钢铁、石化等行业及给水等领域的水处理与水净化用高性能膜材料、防渗材料。开发大气污染控制（空气净化）用高效过滤、吸附、催化降解材料与复合剂，电厂脱硝催化剂以及机动车排气净化催化剂材料和载体材料。推广应用循环冷却水处理药剂、杀菌灭藻剂、固废处理固化剂和稳定剂等，研发与环保装备配套的耐久性材料、涂料，鼓励发展和推广低毒低害、环境友好的配套材料及洁净产品。

②资源循环利用领域。

a. 大宗工业固体废弃物资源综合利用。大力发展矿产资源综合开发利用技术和设备。积极推广和开发选矿、冶炼环节的矿物分离、富集与综合利用新技术、新工艺、新装备。大力开发离子型稀土资源在采选冶工艺中的综合利用技术、再生金属回收利用技术。发展高岭土、碳酸钙等非金属矿资源的综合利用及深加工技术。支持尾矿、碎石、煤矸石、粉煤灰、脱硫石膏、磷石膏、氟石膏、化工废渣、陶瓷废料、冶炼废渣、尾矿等大宗工业固体废弃物的综合利用技术推广应用和产业化。

b. 建筑固体废弃物资源综合利用。积极开发建筑垃圾综合利用的分选技术和设备，综合利用建筑垃圾生产新型墙体材料、再生混凝土、干拌砂浆等建材产品。发展混凝土骨料标准化生产技术、低品质原料开发与应用技术。

c. 再生资源循环利用。重点发展废旧集装箱、废汽车、废船舶等分类回收技术和装备。研发废弃线路板拆解清洁生产技术，有色金属、贵金属回收深加工成套工艺及装备技术，环保型废旧线缆回收利用集成技术，环保型废弃橡胶制品高值化利用集成技术。研究开发废旧电器电子分拣、拆解、高附加值利用的无害化处理技术和设备，发展废纸回收利用清洁生产技术及设备，大力发展污泥资源化利用再生技术。

d. 汽车零部件及机电产品再制造。探索政府、行业协会和企业联动的再制造产业引导模式，建立再制造产业产学研创新联盟，重点攻克再制造关键共性技术。重点发展汽车零部件、机床、造船、工程机械、办公耗材、家用电器等产品再制造技术。

e. 农林废弃物循环利用。发展秸秆能源化利用和秸秆工业原料化利用技术，重点推广农作物秸秆节材代木、制作生物培养剂、生物质燃料等技术和设备。研发生物质燃料燃烧装备、秸秆纤维发展乙醇燃料技术，开展畜禽养殖业废弃物环保综合利用示范工程。

③环保服务业。

建立以环保技术咨询、工程设计、设施运营和人才培训等为主要内容的环保服务业体系，建立完善的清洁生产服务体系，建立环保产业服务信息平台和环保产业统计体系，建立健全资源综合利用制度体系，培育环保服务业的投资市场体系。大力推广采用 BOT、TOT、托管运营及委托运营、技术指导与设备维护等多种形式的环境污染治理和运营管理模式，重点推进产业园区及城市生活污水处理厂环保设施专业化、市场化、社会化运营。以基地、园区和企业等不同类型的资源综合利用标准化试点建设为重点，开展资源综合利用标准化示范园区建设。

（3）主要做法。

①科学规划布局，突出特色发展。发挥珠江三角洲地区节能环保服务业和节能环保产品生产优势以及粤东西北地区资源循环利用优势，加强规划引导，重点发展市场需求大、技术含量高、产业化程度高的节能环保关键技术和产品，形成具有地区特色的优势产业。在环保产业的布局上：

a. 以广州、深圳为环境污染控制技术与装备研发服务总部基地，辐射带动珠海、江门、肇庆等周边地区的环保设备配件加工业发展，形成产业互补。以广州、佛山、惠州等市为重点，依托当地骨干企业，重点推进高效除尘脱硫脱硝技术及装备的产业化。以广州、佛山等市为重点，建设 2~3 个水处理装备研发基地，提升我省新型水处理设备的研发和应用水平。以广州、深圳等市的骨干企业为依托，建设 2 个垃圾焚烧装备研发生产基地，实现垃圾焚烧设备国产化，具备生产单台 300 吨/日以上垃圾焚烧设备的能力。依托广州、深圳等市的骨干企业，建设两地环境监测技术和产品的研发基地与售后服务基地。建设东莞、佛山、中山、惠州等地的环境监测产品生产基地。

b. 以清远、汕头、肇庆、佛山、江门和湛江等市为重点区域，建立亚洲金属资源再生工业基地（肇庆）、华南再生资源基地（肇庆）、以惠州为中心的深莞惠电子电器废物综合利用基地。清远、肇庆、湛江、揭阳等市重点发展废塑料回收利用项目，以东莞为中心建立废纸综合利用基地，湛江、阳江等市重点发展羽毛回收利用项目。在废家具回收利用方面，以顺德区为重点区域，依托佛山、东莞、深圳三大家具制造基地，引导废家具的再生循环利用。建立佛山—肇庆废旧材料综合利用基地。发展佛山、潮州、清远陶瓷废料资源回收利用项目。

　　c. 建成以循环经济工业园（产业基地）等为先导的园区清洁生产示范区。建立以广佛肇为中心的清洁生产共性技术与设备产业基地。依托茂名、惠州、湛江、揭阳、广州五大化工基地和珠海、佛山、江门等一批专业化工园区，开展化工废渣的资源循环利用。依托广州、韶关、湛江三个钢铁基地开展钢渣综合利用技术研究。珠江三角洲地区重点发展建筑陶瓷、涂料、玻璃深加工以及新型建材产品，构建以建材企业消纳废弃物为核心的循环产业链。粤东西北地区重点发展水泥和无机非金属矿及加工产品，利用韶关、梅州等地煤矸石资源，建设煤矸石火电厂，实现煤矸石综合利用的产业升级。依托珠江三角洲地区汽车工业发展的优势，在环珠三角建立汽车零部件再制造产业集群，形成汽车产品—废旧汽车回收利用—汽车再制造产品的循环产业链。

　　②强化科技支撑，提升产业竞争力，提升节能环保产业科技创新水平。

　　a. 加快节能环保产业产学研技术创新体系建设，提高自主创新和引进吸收再创新能力，加快科技成果转化和推广，提高产业的技术和服务水平，提升产业整体竞争力。围绕节能环保产业关键共性技术，开展科技创新和技术攻关，提升节能环保产业自主创新能力和核心竞争力。加大政府科技资源对节能环保企业的支持力度，引导相关创新要素向企业集聚。加强区域和国际科技合作，推进高校、科研院所与企业合作，加快建立企业、科研院所和高校共同参与的节能环保产业创新战略联盟。

　　b. 以节能环保产业重大项目为依托，通过国内外引进、与高校及科研单位共享、企业内部挖潜等形式引进和培养一批复合型人才。广泛开展相关技术培训，提高从业人员的职业技能。

　　③促进产业集聚，加快节能环保产业园区和基地建设。加强政策扶持和引导，充分发挥市场机制，通过联合、兼并、股份制改造以及上市融资等途径，推动节能环保企业进行资产重组和结构优化，扩大企业规模，增强企业实力，加快培育一批拥有自主品牌、掌握核心技术、市场占有率高、引领作用强的节能环保产业龙头骨干企业和"专精特新"优势企业。发挥龙头骨干企业的辐射带动作用，加快推动产业集聚发展，积极延伸上下游配套产业链，促进节能环

保产业规模化、集群化发展。制定完善相关的产业、土地等扶持政策，集中资源重点支持、培育和引进特色产业，形成一批区位优势突出、集中度高的节能环保产业园区和基地，尤其要着力推动省产业转移工业园节能环保工作，培育发展一批"专精特新"优势节能环保企业，推动产业集聚和企业规模化发展。

④构建节能环保产业公共服务平台。

a. 建立信息服务平台。鼓励和支持行业协会、龙头企业利用互联网搭建节能环保技术、产品、服务等市场信息交流平台，定期发布节能环保产业发展的重大信息，展示节能环保新技术、新产品、新工艺。建立节能环保技术和设备的电子商务平台，鼓励和支持节能环保技术和产品进行网络交易。

b. 建立宣传推广平台。充分发挥行业协会等中介组织作用，通过定期举办展览会、技术产品推广会、产业研讨会等形式加大对节能环保技术和设备的宣传和推广。加大对高效节能空调、节能汽车、节能电机等产品的推广力度。广泛开展节能环保法律法规及政策的宣传工作，普及节能环保知识。

c. 建立技术和产品出口服务平台。发挥外向型经济的优势，以港澳台为外拓的桥头堡，鼓励企业积极开拓海外尤其是东南亚国家的节能环保市场，扩大环保技术、产品出口。推进节能环保产业对外贸易体制改革，建立出口技术、产品的价格协调体系和管理服务体系。

d. 建立人才引进和培养平台。加快引进和培育高级技术、管理和营销人才，为节能环保产业发展提供有力支撑。支持高等院校加强节能环保相关学科建设，鼓励院校和企业共建教育实习基地，培养复合型节能环保人才。完善节能环保专业技术人员继续教育制度，加强政策法规、产业标准、职业技能和管理的培训工作。引导企业建立和完善有利于优秀人才发展的收入分配制度，完善技术参股、入股等产权激励机制。

⑤提高技术服务业在节能环保产业中的比重。发挥广东省技术服务业优势，拓展节能环保技术咨询、节能环保技术及产品认证、节能环保设施委托运营等新业务，逐步发展合同化管理的节能环保委托服务业务。

⑥加强节能环保对外交流与合作。将节能环保产业作为对外招商引资的重点领域，采取与国外企业合资、在国外上市融资、吸收国外技术入股等多种形式，充分利用国外的资本、技术、管理和人才等资源提升全省节能环保产业水平，提高企业的国际竞争力，逐步实现节能环保骨干企业的跨国经营。

⑦加强政策引导，优化市场环境和部门协调，完善政策法规。

a. 构建节能环保技术产品标准体系，鼓励有条件的企业参与制定国家、行业及地方节能环保标准和技术规范。完善固定资产投资项目节能评估和审查制度。研究制定餐厨废物、建筑废物资源化、再制造等分类管理办法。建立健全节能、资源综合利用、环保产品认证体系，建立和完善再制造产品标识管理制度。健全节能环保产业市场准入制度，严格规范节能环保企业行为，完善各类节能环保资质认定和特许经营权制度。加快将节能环保产业的发展纳入法制化的管理轨道。

b. 强化监督管理。加强节能环保工程设计、监理和节能环保产品标准化与质量监督管理。完善行业信用评估体系，制定企业能力信用评定管理办法和服务业发展管理规范。加大执法力度，加强对标准和标识实施的监督管理。充分发挥行业协会作用，利用行规行约加强行业自律。

c. 建立由省经济和信息化部门牵头，省发展改革、环境保护、科技等部门参加的省级节能环保产业发展部门间联席会议制度，形成推进产业又好又快发展的协调机制。省经济和信息化部门负责组织协调节能环保产业发展，制定和组织实施促进节能环保产业发展的规划和政策措施；省发展改革部门负责协调落实产业发展的重大项目；省环境保护部门负责加强环境监管和执法力度，参与指导和推动环境保护产业发展，组织重大环境科学研究和技术工程示范工作；省科技部门负责产学研平台的搭建，落实产业重大科技专项项目，推动产业自主创新。

政策要点：广东循环经济规划总体思路

（一）突出一个主题。全面贯彻循环经济理念，在生产、流通和消费等过程中实现产品生命周期全过程减量化、再利用和资源化，提高资源利用效率，保护和改善环境，实现经济社会可持续发展。

（二）实现两个转变。实现经济发展由依靠传统生产要素支撑发展向依靠现代生产要素支撑发展的方式转变；实现社会生活消费从传统消费模式向现代消费模式转变。

（三）构建三个层面、四个层次循环。构建微观、中观和宏观三个层面，企业、园区、产业、社会四个层次的循环经济框架体系。微观层面，重点推进企业的清洁生产和资源综合利用；中观层面，重点通过建设生态工业园区，形成循环型园区，通过产业耦合链接构建循环经济产业链，形成循环型产业；宏观层面，重点建设循环型社区、城市和社会。

（四）落实四项任务。一是大力推进节能降耗，提高资源利用效率，减少自然资源消耗，在生产、流通、消费各领域节约资源。二是全面推行清洁生产，从生产和服务源头减少能源及原材料消耗，削减污染物。三是大力开展资源综合利用，加快发展再生资源产业，最大限度回收利用各种废弃物，减少废弃物最终处置量。四是大力发展环保产业，注重开发减量化、再利用和资源化技术与装备。

（五）注重五个环节。一是在资源开采环节，加强管理，改进资源开发利用方式，大力提高资源综合开发和回收利用率。二是在资源消耗环节，加强对重点行业能源、原材料、水等资源消耗管理，实现能源梯级利用、资源高效利用和循环利用。三是在废弃物产生环节，加强对重点行业管理，提高废渣、废水、废气等资源综合利用率。四是在再生资源产生环节，大力回收和循环利用各种废旧资源，不断完善再生资源回收、加工、利用体系。五是在消费环节，提倡健康文明、有利于节约资源和保护环境的绿色生活方式与消费模式。

（六）夯实六方面基础。一是选择资源消耗大、污染严重的重点行业、重点领域和重点技术进行试点和示范，有重点、有步骤地探索循环经济发展的有效模式。二是积极贯彻实施国家《循环经济促进法》，充分发挥法律法规支撑作用。三是建立完善节能减排工作责任制和监管机制，建立科学合理的能源资源利用体系和严格的管理制度。四是开发和推广节约替代、清洁生产、循环利用和污染治理的先进适用技术，强化技术标准制定和认证工作，强化发展循环经济的技术支撑体系。五是制定有效的政策激励措施。六是营造有利于循环经济发展的社会环境。

（七）抓好十大行业。在电力、石化（重点为石油冶炼和精细化工）、建材、冶金（重点为钢铁、有色金属）、机械（重点为汽车、摩托车工业）、电子电器（重点为家用电器、电子通信）、纺织印染、造纸、皮革、电镀等十大重点行业率先和重点发展循环经济。

案例分析：广东——低碳转身成时代开路先锋[①]

近年来，广东促进低碳发展的体制机制不断健全，产业低碳化发展势头良好，优化能源结构和节约能源工作取得重大进展，增加森林碳汇工作扎实推进。2009 年全省单位 GDP 能耗为 0.684 吨标准煤，居全国第二低位。"十一五"前四年广东省单位 GDP 能耗已累计下降 13.89%，完成国家下达"十一

[①]　刘茜：《广东：低碳转身成时代开路先锋》，南方日报，2011－01－20。

五"节能目标的 85.77%。"十二五"期间，我省将紧紧围绕加快转变经济发展方式这条主线，不断完善控制温室气体排放的体制机制，加快形成以低碳产业为核心，以低碳技术为支撑，以低碳能源、低碳交通、低碳建筑和低碳生活为基础的低碳发展新格局，为全国低碳发展探索经验并发挥示范作用。

广东污染治理工作取得明显成效。截至 2010 年 9 月底，全省共建成污水处理设施 289 座，日处理能力 1632.6 万吨，占全国的 1/8，成为全国污水处理第一大省。全省 12.5 万千瓦以上燃煤火电机组全部安装了脱硫设施，居全国前列。截至去年上半年，全省化学需氧量和二氧化硫排放量累计分别比 2005 年下降 16.4% 和 18.1%，提前完成国家下达的"十一五"污染减排任务。2010 年 10 月，国家环保部发出通知，中山已经通过国家生态建设示范区考核验收，拟命名中山市为首批国家级生态建设示范区，中山将成为全国首个被命名为国家级生态建设示范区的地级市。

如今在广东，省低碳出行、低碳消费已经成为大势所趋。据介绍，广东在不到一年的时间里，已经基本建成了 2372 公里的珠三角省立绿道网，实现了 18 个城际交界面省立绿道的互联互通。这不仅优化了珠三角区域生态格局，密切了城市之间、城乡之间的生态联系，也为广大群众提供了低碳出行、户外运动休闲的绿色开放空间。

打造低碳试点省，广东将着力抓好五个方面的工作。一是着力调整产业结构，加快构建以低碳为特征的现代产业体系。要严把产业准入关，狠抓技术改造升级，推动企业实行清洁生产和资源综合利用。二是着力优化能源结构，加快构建安全高效的低碳能源保障体系。要逐步降低原煤、原油等高碳能源在能源消费中的比重，推广节约和替代石油、绿色照明和机电系统节能技术。三是着力打造低碳典型，积极倡导低碳生活方式和消费模式。抓紧选择典型城市、园区、社区和企业先行先试，建设低碳产业园区、低碳示范企业、低碳社区、低碳城市等多层次的低碳示范项目。四是着力建设绿色广东，加快构建人与自然和谐发展的生态文明。五是着力深化改革开放，创新低碳发展的体制机制。

专栏：佛山市南海区促进环保产业发展扶持和奖励办法

为深入贯彻落实科学发展观，促进经济发展方式根本性转变，建设资源节约型、环境友好型社会，发展壮大环保产业规模，促进高端环境服务业在我区集聚，努力将我区建设成为全国环境服务业集聚的示范区域，制定本办法。

一、扶持和奖励的范围、对象、基本要求

（一）本办法所称"环保产业"，是指以生态环境保护为目的而进行的技术研发、装备制造、资源利用、环境服务等活动的总称。

（二）本办法所称"环境服务业"，是指环境金融与贸易服务、环境设施运营管理、环境技术服务、环境咨询服务等与环境相关的服务贸易活动。

（三）本办法扶持和奖励的对象需满足以下基本要求：

1. 在南海区依法进行工商注册和税务登记，依法、诚信经营。

2. 在推动环保产业发展、集聚方面具有卓越成效的企业法人或个人。

3. 近 3 年内未出现重大违法、违纪行为或安全、环保等责任事故。

二、环保产业发展专项资金的规模和用途

区政府设立总额 15 亿元的促进环保产业发展专项资金。

（一）安排 10 亿元支持国家环保服务业华南集聚区的产业载体和公共平台建设。

（二）在未来 5 年安排 5 亿元，采用奖励与补助的方式，用于环保产业企业扶持奖励、上市环保产业企业扶持奖励、环保产业企业贷款贴息扶持、合同能源管理与合同减排项目奖励、重大环保技术成果示范应用工程扶持等方面。

（三）重大环保产业项目、对环保产业集聚和发展具有重大作用的单位或个人的奖励实行"一事一议"。

三、扶持和奖励的类别

第一类　对新建与入驻企业的扶持和奖励

（一）奖励国内外投资者在南海区投资建设环保产业企业。对符合扶持范围新设立的，并承诺在区内从事环保产业经营活动 3 年以上的前 100 家环保产业企业，给予一次性奖励。

1. 注册资本（指实际到位的注册资金，下同）在 1000 万美元及以上的外（合）资企业、3000 万元及以上的内资企业，给予一次性奖励 100 万元。（奖励前 15 家）

2. 注册资本在 200 万美元及以上的外（合）资企业、1000 万元及以上的内资企业，给予一次性奖励 50 万元。（奖励前 35 家）

3. 注册资本在 300 万元及以上的内资企业，给予一次性奖励 20 万元。（奖励前 50 家）

4. 对区内现有专业从事环保产业或者实施转型的企业实际新增投资额达到相应规模，经认定后，参照本条措施给予扶持。

（二）鼓励外地环保产业企业总部进驻南海区。区外环保产业企业将总部或者区域总部的注册地迁入南海区并办理相关工商登记手续后，承诺在区内从事环保产业经营活动 3 年以上的，按迁入 1 年内在本区域缴纳税收中地方留成部分达到 100 万元、300 万元、1000 万元及以上的条件，在专项资金中分别给予一次性奖励 50 万元、150 万元、300 万元。上市环保产业企业总部或区域总部进驻南海区最高一次性奖励 1000 万元。

（三）给予环保产业企业租金补贴。为促进环保产业集聚发展，环保产业企业进驻经认定的环境服务业聚集区载体园区，给予一定的租金补贴。

1. 按环保产业企业租用厂房面积，前 3 年分别按每平方米 8 元/月、6 元/月、4 元/月的价格（每家企业补贴上限不超过 1000 平方米）给予企业租金补贴。

2. 按环境服务业企业经营用地面积，前 3 年分别按每平方米 15 元/月、10 元/月、8 元/月的价格（每家企业补贴上限不超过 500 平方米）给予企业租金补贴。经营用地面积包括用于检测、实验等的面积。

3. 对重点扶持的环保产业企业自建厂房，按上述标准给予补贴。

第二类 对企业做大做强的扶持和奖励

（一）对新建和新入驻环保产业企业予以扶持和奖励。

1. 在本区内的年度纳税额达 1000 万元以上的，对其缴纳税收（增值税、营业税、所得税，下同）中地方留成增收部分按前 2 年 100%、后 3 年 50% 的标准在专项资金中予以奖励。

2. 在本区内的年度纳税额达 300 万元以上的，对其缴纳税收中地方留成增收部分按前 2 年 50%、后 3 年 20% 的标准在专项资金中予以奖励。

3. 在本区内的年度纳税额达 200 万元以上的，对其缴纳税收中地方留成增收部分按前 2 年 30%、后 3 年 10% 的标准在专项资金中予以奖励。

（二）对区内成功上市的环保产业企业，按照《关于印发〈佛山市南海区促进优质企业上市和发展扶持办法〉的通知》（南府〔2011〕226 号）进行奖励，奖励金额最高达 1000 万元。

（三）对区内环保产业企业工业生产总值、当年增幅等各项效益指标较好的，并承诺在区内从事环保产业经营活动 3 年以上的企业，按其年产值增长率给予对应奖励，奖励金额不超过该企业纳税地方留成部分。

1. 对区内年产值达到 5 亿元及以上的环保产业企业给予一次性最高 200 万元的奖励。

2. 对区内年产值达到 20 亿元及以上的环保产业总部基地给予一次性最高

1000 万元的奖励。

3. 对获得中国驰名商标、广东省著名商标的环保产业龙头公司按《关于印发〈佛山市南海区推进品牌创新和企业上市扶持奖励办法〉的通知》（南府〔2009〕321 号）给予扶持奖励。

第三类　对环境服务业发展的扶持和奖励

对从事环境服务总包、专业运营服务、咨询服务、工程技术服务以及关联产业的现代服务，且科技含量高、土地利用率高、人才密集、可优化区域环保产业结构、能有效提升资源利用率及节能减排效果明显，并承诺在区内从事环保产业经营活动 3 年以上的前 100 家企业给予奖励。

（一）对新建或新入驻的、注册资本在 300 万元以上的环境服务业企业给予一次性 50 万元的奖励。

（二）年度纳税额在 300 万元以上的环境服务业企业，对其缴纳税收中地方留成增收部分按前 2 年 100%、后 3 年 50%的标准在专项资金中予以奖励。

（三）环境服务业企业总承揽的业务，并由其统一收取价款且已足额缴税的，按其在分包给合作方时产生的营业税额在专项资金中给予奖励，奖励额不超过已缴税的 50%。

第四类　对带动环保产业市场发展的工程项目的扶持

（一）企业工程扶持。区内的企业在 2011 年 7 月 1 日以后接受区内环保企业提供的合同能源管理、合同减排管理、环境技术服务、环境工程设计和建设及产品的，工程验收后节能效果达到 30%以上，或污染物排放符合国家或地方标准和总量控制要求的，给予采购服务项目的企业工程造价和产品采购总额15%的补贴（每个企业每年补贴最高不超过 100 万元）。

（二）政府示范工程扶持。政府和村组应积极投资建设环境服务业应用示范工程，对其采购区内的环保企业产品或服务，工程验收后节能效果达到 30%以上，或污染物排放符合国家或地方标准和总量控制要求的，给予建设单位工程造价总额 15%的补贴（每个镇、街道每年补贴最高不超过 200 万元）。

第五类　对自主研发和技术、人才引进的扶持

（一）每年从专项资金中安排不少于 600 万元的资金，专项用于扶持和奖励经评审的环保产业企业开展新技术、新产品、新工艺研究开发的项目，奖励企业与高校或科研院所开展产学研合作。

（二）对获得国家、省、市科技经费支持的环保项目，每年从专项资金中给予配套支持。

（三）每年从专项资金中安排不少于 1000 万元的资金，用于研发、认证、检测、技术展示与推广等公共平台的建设和引进。

（四）支持技术引进与对外合作。对区内企业引进国际、国内领先的技术合作项目，经评估，给予项目投资额 15% 的科技经费支持，每个企业（项目）最高 300 万元。

（五）对优秀技术团队的核心成员给予最高 100 万元的落户安置费；对其项目除优先推荐申报各级科技计划项目，获得科技经费扶持外，还可视项目具体情况，一次性给予 50 万元至 300 万元的扶持，对产业化过程中需要贷款的，给予 50% 的银行贴息支持。

第六类 对企业项目融资的扶持

（一）给予环保产业领域优秀项目融资贴息。对于企业优秀项目贷款年限一年或以上的中国境内银行融资，还本付息后给予 30% 的贴息支持（按银行同类贷款利率计算，下同），单项目贴息最高 100 万元。

（二）给予新建环保产业企业及入驻总部企业贷款贴息。在南海区范围内注册的新建节能环境服务企业、入驻总部企业贷款，还本付息后给予 30% 的贴息支持，单项目贴息最高 100 万元。

（三）给予采用合同能源管理、合同减排管理等投融资模式进行节能环保技术应用推广的项目贷款贴息。对涉及融资的示范项目，从专项资金中给予 3 年贴息补助，单项目贴息最高 100 万元。

第七类 对营造良好环保产业发展氛围的扶持

（一）每年从专项资金中安排 100 万元，专项用于组织和资助本地环保产业企业参加境内外环保产业专业展会，帮助企业开拓市场。

（二）每年从专项资金中安排 200 万元，用于组织每年一次以上的高端环保产业论坛和各种信息交流沙龙。

（三）每年从专项资金中安排 150 万元，用于扶持行业协会、产业联盟等机构开展环保产业信息咨询、人才引进、技术转化、产业促进等服务。

（四）每年从专项资金中安排 100 万元，用于环境服务业集聚区的对外宣传推介和项目引进。

专栏：《国家环境服务业华南集聚区》总体方案

一、指导思想

坚持以科学发展观为统领，抓住国家大力发展环境服务业的历史机遇，充分发挥金融、贸易、服务业发达以及区位优势，政府主导、市场运作，以环境服务模式创新为突破口，以平台建设为基础，以环境政策和管理机制创新为动力，培育聚集环境服务业主导产业，整合资源，辐射区域，大力构筑模式高地、政策高地、产业高地"三大高地"，建设在全国具有示范作用的环境服务业集聚区。

二、建设原则

政策引领，机制创新

通过市场开放政策、财政资金引导政策等，充分发挥政策先导作用，引导和促进环境服务业发展。在特许经营、市场监管、政府采购、环境管制等方面大力推进机制创新，为服务业发展和集聚区建设创造条件，互动促进。

点面结合，示范先行

先点后面，以点带面，点面推进，全面加强产业配套，完善产业链，促进产业集聚。实施服务模式示范、政策示范、技术示范，取得经验后进一步"走出去"，进一步向广东、华南复制和推广。

政府主导，市场运作

在政策配套、资金扶持、平台建设、机制创新等方面加大扶持和激励力度，省市区联动，发挥政府的引导和培育作用。遵循经济规律，采用市场化方式进行集聚区建设和发展，运用市场力量促进产业发展要素的合理流动和配置，发挥市场主体的主观能动作用。

带动辐射，整合提升

发挥南海区位优势，带动广东省环境服务业的发展，辐射华南地区环境服务业的发展。以环境服务业为龙头，整合金融、贸易、技术、管理、人才等产业发展要素，整合现有环保产业企业，优化环保产业结构，整体提升环保产业发展水平，促进区域经济和城市转型发展。

三、主导产业

环境服务业从单一的技术服务向决策、管理、金融等综合、全方位的智力型服务发展，呈现出一种立体、全方位和综合的发展态势是大势所趋。基于"十二五"期间国家大力发展环境服务业的重点和要求出发，结合南海发展环境服务业的基础和优势，确定华南环境服务业集聚区建设三大主导产业，分别是环境金融与环境贸易服务、污染治理设施社会化运营管理服务、环境技术服务。

（1）环境金融与环境贸易服务。

环境金融与环境贸易是环境服务业的重要组成内容。在市场经济不断深化的今天，环境金融、环境贸易是环保产业发展的重要潮流和方向，是环保产业加快发展的助推器。大力发展环境金融和环境贸易对环境服务业集聚区建设具有重要意义。

南海金融业和贸易业发展迅速，基金投资、风险投资、贷款担保投资等金融产品丰富，融资渠道较多，科技、金融、产业融合互动发展取得明显成效，给促进环境金融和环境贸易发展奠定了坚实基础。南海区为促进环保产业和金融业结合，正在筹划设立环保产业发展"天使基金"、企业创投基金等，以此引导带动社会资金的投入和参与，环境金融和环境贸易业已有一定发展基础。

环境金融和环境贸易服务主导产业的发展，将充分利用南海金融高新区的优势和金融业活跃、发达的优势，以环境金融产品创新、电子商务平台建设为突破口，大力推动环境交易中心建设，搭建中外交流服务平台，吸引一批优秀的跨国公司和企业前来南海设立办事处和区域总部。发展初期，充分发挥财政资金引导扶持作用，引导性设立有利于环保产业和服务业发展的风险投资基金、融资担保基金等新型金融产品，吸引环境服务企业的进驻，推动企业集聚。随着产业壮大和市场需求的释放，逐步转变为以市场手段为主，进一步扩大各种环境金融产品的规模，实现环保产业和资本市场的充分结合，用金融和资本的力量大力推动环境服务企业的发展壮大，推动集聚效益的显现和发挥，并支持集聚区企业走出去、做大做强、持续稳步自主发展。

（2）污染治理设施社会化运营管理服务。

污染减排的持续推进和成效体现都需要大量的污染治理设施的持续高效运行为前提和保障，污染治理设施社会化运营管理是环境服务业发展中最具有潜力、最具有发展空间的服务内容，是"十二五"期间环境服务业发展的重点。污染治理设施运营管理包含技术、金融、人才、信息、管理等多方面内容，是最具有改革创新的领域。

当前，南海城镇生活污水集中处置设施已实现70%的社会化运营管理，工业企业污染治理设施社会化运营也在不断增加，河涌环境综合整治也已采用工程总承包方式委托相关方实施，全面推进和发展污染治理设施社会化运营管理服务具有较好的基础。

污染治理设施社会化运营管理服务主导产业将以环境社会化服务模式创新为重点，大力推进综合环境服务、合同减排管理、设计建设运营一体化等新型环境服务模式的试点，重点解决和突破服务模式实施中的主要政策瓶颈、制度障碍，带动政府环境管制政策制度的创新，将环境服务业的发展与环境管制政策创新有机结合，将南海环境管理成为环境服务业创新的试验田。通过试点项目培育一批综合环境服务提供商，通过政策制度的创新，进一步开放佛山、广东甚至华南环境服务业市场，将试点经验和成功做法予以复制和推广，重点发展环境服务龙头企业，实现环境服务企业的集聚，实现环境运营服务业的发展。

（3）环境技术服务。

环境技术服务包括环境技术与产品研发、环境工程设计、环境监理、环境监测与分析服务、技术评估、环境信息化技术（物联网）等，直接推动环保产业的发展。环境技术服务是环境服务业中较为传统的服务内容，随着环境技术的发展、技术展示交易的深入、环境监测的逐步开放、物联网技术在环保领域的应用，环境技术服务的领域将不断拓展，服务水平将提出更高要求，与其他行业的融合程度将进一步加强。"十一五"期间，南海在推进环境污染防治和生态环境建设中，出现了一批环境技术服务企业，"十二五"期间，将继续大力发展环境技术服务业。

环境技术服务主导产业的发展将以大力发展关键性集聚要素为目的，以环境技术服务平台建设和环境监测社会化服务试点为重点，大力发展技术检测认证、技术展示与交易，通过认证，提高技术服务水平，通过展示，聚中心、促交易，为环境技术的转化和产业化应用提供服务平台。加强技术展示，大力推广先进环保低碳技术，大力发展环保物联网技术，提升环保信息化、现代化技术水平。

四、发展目标

1. 总体目标

国家环境服务业华南集聚区建设的总体目标是：逐步形成机制灵活、政策充分、结构优化、自主发展的环境服务业体系，建设成为环境服务模式创新高地、环保产业政策高地、环境服务产业高地等"三大高地"，建设成为具有国家示范作用的环境服务业集聚区。

2. 具体目标

环境服务业发展速度进一步加快，环保服务产值不断提高：环境服务业年均增速达到50%，2015年达到年产值120亿元以上。

社会化运营比例进一步提高：城市环境基础设施的社会化运营服务达到100%，工业污染治理设施社会化运营服务达到40%。

初步完成环保产业结构优化和产业升级：2015 年环境服务业产值占到环保产业产值的比例达到 40%。

基本实现产业集聚效益：加大现有企业整合力度，引进环境服务业跨国公司 5 家左右、国内环境服务业龙头企业 20 家左右，龙头企业带动作用明显增强。

五、发展定位

国家环境服务业华南集聚区立足南海、面向珠三角，带动广东、服务华南地区，与"三大高地"（模式高地、政策高地、产业高地）建设目标相对应，定位于环境服务模式创新的国家试点区（模式试点区）、环境服务业发展政策改革区（政策改革区）、华南环境服务业集聚核心区（产业聚集核心区）。

1. 环境服务模式创新的国家试点区

2011 年 4 月环境保护部下发的《关于环保系统进一步推动环保产业发展的指导意见》中指出，"着重发展环境服务总包、专业化运营服务、咨询服务、工程技术服务等环境服务业""在重点行业推进社会化运营和特许经营""试点实施设计建设运营一体化模式""鼓励发展提供系统解决方案的综合环境服务业""积极探索合同环境服务等新型环境服务模式"。环境服务模式的试点和创新成为国家推进环保产业发展的重要举措。

华南集聚区建设将根据国家发展环境服务业的总体要求，率先在政府服务外包、污染防治相关领域开展环境监测社会化服务、综合环境服务、合同减排管理、设计建设运营一体化等新型服务模式的试点，探索基于环境质量改善、基于污染减排、基于效益最大化等不同目的的项目管理、绩效管理、目标考核、责任权限、奖惩机制，总结试点过程中的经验和教训，探索出推广方法、建设策略与工作机制。

2. 环境服务业发展政策改革区

当前环境服务业的发展面临诸多政策和制度上的障碍，同时存在政策和制度方面的管理盲区。环境服务业态的转型首先需要政府有关部门加大对环境服务业重要性的认识，以及对环境服务业发展规律的认识。环境服务业发展尤其是服务模式试点过程中需要在环境市场的开放、特许经营制度、排污许可交易、政府绿色采购、政府服务外包、财政、金融信贷等方面开展相关政策制度的改革创新，需要在产业引进、产业发展、产业成熟的各阶段执行实施一系列优惠、扶持、发展政策。环境服务业发展也最需要与环境管理实践密切结合，以充分发挥引导、扶持和激励作用，需要将环境服务业的发展融入环境管理机制创新和政府环境管理改革中,推动环境服务模式创新与环境管制政策改革的有机结合。

3. 华南环境服务业集聚核心区

南海将借助于现有环保产业落户的企业基础、与国内外广泛交流的机会,同时抓住环境服务业集聚的大好发展机遇,从服务模式创新起步,充分发挥广东、华南巨大的环保市场需求,利用政策优势、市场优势、金融优势、信息优势、服务环境优势,重点加大平台建设力度,形成良好的产业要素集聚性,大力推动南海环境服务业的发展。通过区域辐射带动作用,促进南海服务业"走出去",实现华南片区的联动发展。在全面推进的过程中,不断巩固南海环境服务业的区域地位,将南海打造成华南环境服务业集聚的核心区。

六、发展思路

结合南海发展环境服务业的优势,国家环境服务业华南集聚区建设总体采用"3434"的发展思路和策略:大力发展三大主导产业(环境金融与贸易服务、污染治理设施社会化运营管理服务、环境技术服务等),按照起步、成长、发展、成熟"四步走"培育计划,大力打造三大核心竞争力,最终实现环境服务模式、环境服务政策、环境服务产业三大高地,建成具有全国示范意义的环境服务业集聚区。

从区域发展优势出发,并结合环境服务业发展特征需求,华南集聚区建设将着力发挥三大核心竞争力:实现环保产业与资本市场的有机结合,实现环境服务业发展模式创新与环境管制政策的有机结合,实现区域经济发展与产业要素高度集聚的有机结合,以此形成特征鲜明的发展模式,强化集聚效应。

按照产业发展生命周期的特点,不同阶段具有不同的发展手段、重点与措施。"四步走"计划是:

起步阶段(2011—2012年):模式创新,吸引眼球;开放市场,激活产业。政府主导,开放条件较为成熟的环境服务市场,敞开南海大门,向全国推出一批环境服务项目;发挥政府资金的引导作用,启动建立服务于环保产业发展的环境基金;实施环境服务创新模式,大力宣传,吸引眼球,用项目的示范效益吸引一批企业进驻南海。在政府服务外包、特许经营、排污许可交易、政府绿色采购等方面启动环境管制制度的改革试点,带动环境管制创新。

成长阶段(2013—2015年):平台创新,集聚要素;政策规划,激励产业。结合产业发展需要,市场化运作建设环境贸易服务平台、技术认证、服务与展示平台,多层次、全方位聚集服务业发展的要素,营造活跃的产业氛围;

借助市场和资本力量，通过股权整合等方式，加快现有企业的整合和发展；全面实施产业、资金、利税、土地、金融等扶持政策，激励产业加快成长。

发展阶段（2015—2017 年）：打造品牌，核心竞争；聚集产业，快速发展。实施产业发展中的品牌建设，打造出具有较大影响力、具有良好发展前景的品牌企业和产品，提高知名度和影响力；加快环境技术的展示与推广应用，助推产业发展；实现技术、服务、管理、人才的进一步集聚，从政府主导转变为充分利用市场手段和作用，建立起符合市场发展规律的发展机制，实现产业快速发展。

成熟阶段（2017 年后）：区域辐射，提升产业；自主持续，全面推广。进一步开放广东市场，建立省市区联动机制，消除服务壁垒，全面开放市场，使得环境服务模式进一步向广东和华南复制和推广，集聚效益基本显现。通过南海、广东的区域辐射能力，带动华南环境服务业整体发展速度和发展水平的提升，同时促进华南环保产业的大发展。实施环境管制创新、自主发展机制，给服务集聚区建设持续给力，促使服务企业做大、做活，实现环境服务业持续、自主、良性发展。

七、建立和完善资金扶持政策，促进企业成长壮大

有效的扶持政策是充分激发市场主体积极性和创造性的"催化剂"。制定促进环境服务业发展的资金扶持政策，是引导和推动环境服务业聚集和发展的有效措施。扶持资金主要来源于政府设立的专项资金，该资金定位以引导企业进入、支持企业持续发展、鼓励企业做大做强和扶持企业"走出去"为重点，同时需建立和完善不同类型与不同功能的资金扶持政策，保障资金发挥作用。

（一）设立产业发展专项资金。

设立环境服务业发展专项资金，制定南海区环境服务业扶持奖励办法，推动环境服务业聚集与发展。南海区财政 5 年内每年安排 1 亿元，建立环境服务业发展专项资金，采用奖励与补助的方式，主要用于新建环境服务企业奖励、环境服务企业贷款贴息、新入驻总部基地奖励、先进优秀企业与"走出去"企业的奖励、按照减排量对合同减排项目的奖励、重大环保技术成果示范应用工程扶持，以及服务于环境产业的金融机构、中介服务机构、参展企业等相关方的一次性奖励等方面。对于同时符合多条资金奖励的企业，采用"就高不就低"的原则予以资金支持。

（二）建立和完善新建与入驻企业的奖励与补贴政策。

新建环境服务企业奖励。在南海区范围内新建的环境服务企业注册资本

（指实际到位的注册资金，以下同）在 1000 万美元及以上的外资企业、5000 万元及以上的内资企业，给予一次性奖励 100 万元；对于新设立的环境服务企业注册资本在 200 万美元及以上的外资企业、1000 万元及以上的内资企业，给予一次性奖励 50 万元。对南海区内现有专业从事环境服务或者实施转型的，经认定后，根据注册资本数额给予同等标准的资金扶持。

鼓励外地环境服务企业总部进驻南海。区外环保类企业将总部或者区域总部的注册地迁入南海并办理相关工商登记手续后，按其贡献和产值给予相应奖励。上市环保产业企业进驻南海最高一次性奖励 500 万元。对入驻南海区的总部企业给予最高一次性 100 万元的奖励；外地环境服务企业上市企业总部进驻南海的，一次性奖励 300 万元。

新建环境服务企业及入驻总部企业贷款贴息。在南海区范围内注册的新建环境服务企业、入驻总部企业与优秀项目贷款给予 30% 的贴息支持，单个项目贴息最高不超过 100 万元。

新建环境服务企业及入驻总部企业土地优惠与租金补贴。对环境服务业聚集地新建或新购置的研究开发场所，自建成或购置之日起，3 年内缴纳的房产税或城市房地产税给予全额补贴，所涉及的土地出让金减半征收。在南海区范围内注册的新建环境服务企业与入驻总部企业租用厂房或租地自建厂房，前 3 年分别按每平方米 15 元/月、10 元/月、8 元/月的价格（每家企业补贴上限不超过 200 平方米）给予企业租金补贴。

新建环境服务企业及入驻总部企业所得税补贴。对在南海区范围内注册的新建环境服务企业与入驻总部企业，按其缴纳所得税地方留成实得部分前 2 年 100%、后 3 年 50% 的比例给予补贴。

（三）健全企业减负与持续发展支持政策。

完善环境服务业营业税计税依据，避免重复征税。外包企业将承揽的业务分给其他单位并由其统一收取价款的，对支付给承包方的营业额缴纳的营业税给予补贴。

建立费用减免政策，降低企业费用负担。对入园企业项目实行"零收费"制度，对在南海区范围内注册的环境服务企业停收工商企业年度检验费等。对从项目备案核准到投产实施中的所有区行政事业性收费和基金地方留成部分实行免收优惠。

建立技术研发与重大技术成果应用补助政策。支持企业技术创新和建立技术标准，每年从本专项资金中安排不少于 600 万元的资金，专门用于扶持环保类企业开展新技术、新产品、新工艺研究开发项目，奖励企业与高校和科研院所开展产学研合作。对获得国家、省、市科技经费支持的环保项目，按1:1的比例给予配套支持。对于通过环境技术验证（ETV）的重大环保技术成果在环境服务业中的转化和示范应用过程予以财政资金支持，可按照一定比例予以一次性补助。支持企业实施标准战略。对省级企业技术中心认定的企业研发中心、工程研发中心，给予一次性奖励50万元。每年从本专项资金中安排不少于1000万元的资金，用于研发、认证、检测等平台的建设和引进。支持技术引进与对外合作，对区内企业引进国际、国内领先的技术合作项目，经评估，给予项目投资额15%的科技经费支持。

建立开拓市场的用户端补助政策。政府和村组应积极投资建设环境服务业应用示范工程，验收后污染物排放达到国家或地方标准和总量控制要求的，给予单位工程造价总额15%的工程补贴［每个镇（街道）每年补贴最高不超过200万元］。对承担政府投资示范工程的企业，按照核定的产品价格的10%给予补贴，单项工程最高补贴不超过100万元。南海区内的企业在2011年5月1日以后接受区内环境服务业企业提供的技术服务、工程设计的，验收后污染物排放达到国家或地方标准和总量控制要求的，给予采购服务项目的企业工程造价总额10%的工程补贴（每个企业每年补贴最高不超过100万元）。对开展合同减排管理、DBO等环境服务模式创新的优秀项目，给予污染治理企业不超过100万元的一次性奖励。

咨询、中介等服务机构奖励。每年从本专项资金中安排不少于100万元，用于奖励对环境服务业提供服务的咨询、中介机构。对以参股的形式支持环境服务企业发展的风险投资公司，按照投资数量的一定比例给予奖励。

（四）实施企业做大做强的鼓励政策。

建立上市服务企业奖励政策。对在南海区前10名上市的环境服务企业，除享受现有上市政策规划外，还额外一次性奖励100万元。环境服务企业上市可享受自上市当年起连续2年新增缴纳所得税地方留成部分100%以环境服务业专项资金补贴。

加大对节能环境服务龙头企业和总部基地的奖励。对示范区内年产值达到5亿元，获得中国或广东省驰名商标、中国名牌产品的环境服务企业分别给予100万元、100万元、10万元的奖励。对产值达到20亿元的总部基地给予一次性总额不超过1000万元的资金奖励。

建立环境服务骨干企业与总部的税收优惠。对在南海区的年纳税额达1000

万元以上的入驻总部，对其缴纳税收（增值税、营业税、所得税）中地方留成部分按前 2 年 100%、后 3 年 50% 的比例，以环境服务业发展扶持专项资金补贴给企业。南海区内的环境服务企业年纳税额达 300 万元以上的，对其缴纳税收（增值税、营业税、所得税）中地方留成部分按前 2 年 50%、后 3 年 20% 的比例，以环境服务业发展扶持专项资金补贴给企业。

加强企业对经济发展贡献的奖励。按照上年度企业工业总产值与总产值增幅的比例，对符合条件的企业给予 1 万 ~ 5 万元的年度奖励资金。

（五）建立鼓励企业"走出去"的扶持政策。

实施"走出去"企业出口退税补贴。对缴纳增值税、营业税、特别消费税的环境服务贸易出口企业，对地方留成所得部分给予全额补贴。

实施开展跨区域服务企业的所得税补贴。对在南海区范围内注册并开展跨区域节能环境服务的企业，以及建有省级以上研发中心的企业，实行企业所得税补贴政策，地方留成所得税超过 15% 税率的部分给予全额补贴。

组织和扶持节能环境服务企业参加各类展览。对行业协会、产业联盟开展工作给予经费支持，对企业参展的摊位费给予全额补贴，加大企业宣传和对外影响力。

对服务于环境产业的金融机构、中介服务机构、参展企业等相关方给予一次性奖励。

二、北京市环保产业发展目标与重点领域

2013 年 7 月，北京市发展和改革委员会、北京市科学技术委员会、北京市经济和信息化委员会发布了《北京市节能环保产业发展规划（2013—2015 年)》。该规划对北京市节能环保产业的发展基础进行了分析，对节能环保产业的重点领域进行了布局。[①]

1. 发展的基础

"十一五"以来，北京市节能环保产业发展呈现良好的态势，形成了以节能环保关键技术和产品研发为支撑，以节能环保工程集成服务为主的综合性新兴产业，已经成为我国节能环保产业资源的主要集聚地之一。

产业规模达到千亿元以上。据不完全统计，2011 年，全市节能环保领域的

① 本节资料来源于北京市发展和改革委员会、北京市科学技术委员会、北京市经济和信息化委员会：《北京市节能环保产业发展规划（2013—2015 年)》，2013 年 7 月。

企事业单位数量超过 2000 家，从业人数超过 5 万人，主营业务收入约 1800 亿元，约占全国节能环保产业产值规模的 10%。据测算，增加值占全市 GDP 比重约为 2%，节能环保产业已经成为本市经济发展重要的新增长点之一。其中，节能技术和装备收入约 700 亿元，污水处理行业收入约 600 亿元，大气污染治理行业收入近 130 亿元，资源综合利用行业收入约 70 亿元，其他综合性行业收入约 300 亿元。

产业创新资源全国领先。北京市拥有国家部委直属节能环保科研机构 43 家，节能环保类国家重点实验室 42 个。全市 26 所"985"和"211"高校均设立了节能减排和环境保护相关专业，节能环保相关科研机构和实验室超过 300 个，其中，与企业合作共建节能环保科研院所 103 家。中关村高新技术企业中从事节能环保的企业约占 10%，全市企业自主建立节能环保研究院所达 56 家。全市拥有国家备案节能服务公司 329 家，备案公司总数居全国首位。具有甲级环境工程设计的单位 11 家、环境工程专业施工承包一级资质单位 24 家、甲级环评资质单位 45 家、环境污染治理设施运营资质单位近 400 家，数量居全国首位。

关键技术研发取得重大突破。据统计，2011 年北京市节能环保专利申请数量近 1800 件，专利授权数 1200 余件，其中发明专利约占 40%。形成和应用一批创新成果，水泥厂纯低温余热余压发电、LED 400 瓦聚光灯、高能镍碳超级电容器、SCR 脱硝等节能环保技术和工艺达到国际领先水平。"3H"制膜工艺、BGB 高速高温微生物处理装置、微生物提取生物乙醇等技术产品填补了国内空白。餐厨垃圾生化处理、MBR（膜生物反应器）、墙体内外保温工法等引领了国家标准。

总部型企业聚集。依托北京丰富的资本、技术资源与大企业总部资源，全市节能环保产业的总部型企业优势突出，2011 年总部型企业收入占产业总收入的 75% 左右，已经形成技术研发、投资建设和综合运营服务为一体的发展模式。集聚了一批面向全国投资发展的总部企业，既有中国节能环保集团、神华（国华）电力研究院等大型综合性企业集团，也有北控水务、首创股份、威立雅、苏伊士等污水处理领域专业优势突出的国内外行业龙头企业，以及恩菲工程、中科通用等垃圾处理行业领先企业。

2."十二五"发展目标

产业规模大幅提升。到 2015 年，节能环保产业总产值达到 5000 亿元，占全国节能环保产业总产值的 10% 以上，增加值占全市 GDP 的比重达到 4% 左右。其中，节能行业年产值达到 2000 亿元，环保行业产值达到 2500 亿元，资源综合利用行业产值达到 200 亿元，其他综合性行业产值约 300 亿元。

产业集中度明显提升。到 2015 年，培育打造 10 家产值过百亿元、具有国际竞争力的知名环保企业集团，百家产值过 10 亿元、国内市场领先的节能龙头企业，形成一批具有核心技术优势、知识和能力突出的中小企业。

创新能力显著增强。到 2015 年，节能环保装备和产品质量、性能大幅度提高，形成一批拥有自主知识产权和自主品牌、具有核心竞争力的节能环保装备和产品，系统解决方案、工程总承包和运营服务达到国际领先水平，核心技术和产品引领国内行业标准。

3. 重点领域与重点工程

（1）扩大污水及垃圾处理等投资运营服务市场占有率。支持生活污水、工业废水、固体废弃物治理等领域的企业走出去发展，采取 BOT、TOT、托管运营、利益分享等多种经营方式，整合产业链资源。鼓励行业龙头企业提升综合能力，提供集投融资、设计、施工和运营于一体的总承包服务，提升企业在国内外城市水务和生活垃圾处理等领域的市场竞争力。

（2）促进环境技术咨询与环境工程服务业发展。大力发展环境建设规划、工程设计、环境投融资、清洁生产审核、认证评估、环境保险、环境法律诉讼和教育培训等环保服务，支持具备条件事业单位的社会化、企业化转制发展。以首都率先加强 PM2.5 综合防治工作为契机，探索产业化的新兴服务模式，重点加强脱硫脱硝、汽车尾气治理、生态修复、雨洪利用等领域的专业环境工程服务能力。

（3）推进污染治理设备等高端技术产品研发制造。推进大气污染防治领域技术产品的研发制造，大力开展有机废气治理技术和装备研发。推进采暖燃煤锅炉脱硝、汽车尾气治理、餐饮油烟治理等先进技术研发和设备制造。促进水处理领域技术和设备的研发生产，提升水处理关键组件与设备的生产制造能力，进一步加强水污染治理成套技术研发。重点推进垃圾焚烧关键设备研发及成套设备设计制造。推进污泥无害化、减量化、资源化技术及相关设备的研发制造，推进有机废物厌氧产沼等生化处理关键设备生产。

（4）发展城市废弃物再生资源规范化回收行业。鼓励发展特许经营回收、逆向物流和定向回收相结合的多层次、多样化回收模式。针对废纸、废塑料等包装废弃物，推行生产者责任制，鼓励发展以市场为导向的逆向物流行业。创新工作机制，支持从事餐厨垃圾、建筑垃圾等城市废弃物专业化、规范化回收的企业发展。

（5）积极发展资源再生与综合利用技术和设备制造。积极开发建筑垃圾综合利用的分选技术和设备。重点发展餐厨垃圾低能耗高效处理设备、废油高效回收利用设备、污泥消化与干化处理设备、废旧机电及电器电子产品自动拆解设备等固废处理配套装备。推广农作物秸秆还田、代木、制作生物培养基、生物质燃料等技术与装备，秸秆固化成型等能源化利用技术及装备。

（6）适度推动符合首都特色的典型产品再制造技术研发和产业化。鼓励报废汽车拆解企业与汽车生产企业的技术研发合作，提升报废汽车拆解回收利用的自动化、专业化技术水平。支持大型盾构机、发动机等机械装备再制造核心技术研发攻关和产业化示范，提升高端应用技术能力。支持办公耗材、家用电器等现代都市废弃物绿色拆解技术研发，有色金属及贵金属回收深加工成套工艺及装备技术研发，环保型废旧线缆、环保型废弃橡胶制品等高值化利用集成技术研发，积极支持和推动绿色拆解和再制造先进技术及产业化成果向京外输出。

表　北京市节能环保产业发展路线

2015 年	2020 年
总体目标	初步建立起节能环保产业统计指标体系 创新和示范一批系统节能环保技术 聚集大量优质资本和人才 推动一批节能环保高端产业项目；集聚一批国内外领先企业；培育一批国内外知名品牌 基本形成以龙头企业为主导、中小企业相配合的产业组织结构，将节能环保产业打造成为本市的新兴支柱产业和经济增长的新引擎	实现产业跨越式发展 产业市场空间进一步拓展，国际化水平显著提高，产业规模进一步扩大，重点领域关键技术、生产工艺和核心产品达到国际先进水平，管理和服务能力达到国际标准

（续表）

具体目标		产业规模大幅提升。节能环保产业产值年均增长 30% 以上，到 2015 年，节能环保产业总产值达到 5000 亿元，占全国节能环保产业总产值的 10% 以上，增加值占全市 GDP 的比重达到 4% 左右。其中，节能行业年产值达到 2000 亿元，环保行业产值达到 2500 亿元，资源综合利用行业产值达到 200 亿元，其他综合性行业产值约 300 亿元
		产业集中度明显提升。到 2015 年，培育打造 10 家产值过百亿元、具有国际竞争力的知名环保企业集团，100 家产值过 10 亿元、国内市场领先的节能龙头企业，形成一批具有核心技术优势、知识和能力突出的中小企业
		创新能力显著增强。到 2015 年，节能环保装备和产品质量、性能大幅度提高，形成一批拥有自主知识产权和自主品牌、具有核心竞争力的节能环保装备和产品，系统解决方案、工程总承包和运营服务达到国际领先水平，核心技术和产品引领国内行业标准
重点领域	节能行业	规范技术咨询、节能评估、能源审计等第三方机构服务行为；鼓励创新发展合同能源管理运营模式，提升节能服务公司的技术集成和融资能力
		重点推进清洁高效燃烧、余热余压利用、阻燃新型保温隔热材料、能源智能化管理等核心技术及装备的研发攻关。重点研发工业锅炉自动调节控制技术装备和离子点火、富氧/全氧燃烧等高效煤粉燃烧技术和装备，变压器空载损耗的持续降低、谐波治理和无功补偿技术。大力推广在线能源计量、检测技术和设备，加快研发和应用快速准确的便携或车载式能效检测设备
		培育工业窑炉、锅炉技术研发和产品制造龙头企业；大力发展大容量高压变频器等节能机电产品；加快车用动力蓄电池产业化生产，推进锂离子电池、飞轮 UPS 等产品制造；大力发展 LED 背光源、大屏幕显示、太阳能 LED 照明等高端应用产品

（续表）

重点领域	环保行业	支持生活污水、工业废水、固体废弃物治理等领域的企业走出去发展，采取BOT、TOT等多种经营方式；鼓励行业龙头企业提供投融资、设计、施工和运营于一体的总承包服务
		大力发展环境建设规划、工程设计、环境投融资、清洁生产审核、认证评估、环境保险、环境法律诉讼和教育培训等环保服务，支持事业单位转制发展；以首都率先加强PM2.5综合防治工作为契机，探索产业化的新兴服务模式，重点加强脱硫脱硝、生态修复、土壤污染治理、流域生态综合治理、雨洪利用等领域的关键技术研发和专业工程服务
		推进大气污染防治领域技术产品的研发制造，开展有机废气治理技术和装备研发。推进采暖燃煤锅炉脱硝、汽车尾气治理、餐饮油烟治理等先进技术研发和设备制造。促进水处理领域技术和设备的研发生产。重点推进垃圾焚烧关键设备研发及成套设备设计制造。推进污泥无害化、减量化、资源化技术及相关设备的研发制造，推进有机废物厌氧产沼等生化处理关键设备生产
	资源综合利用行业	鼓励发展特许经营回收、逆向物流和定向回收相结合的多层次、多样化回收模式。针对废纸、废塑料等包装废弃物，推行生产者责任制，鼓励发展以市场为导向的逆向物流行业。创新工作机制，支持从事餐厨垃圾、建筑垃圾等城市废弃物专业化、规范化回收的企业发展
		积极开发建筑垃圾综合利用的分选技术和设备。重点发展餐厨垃圾低能耗高效处理设备、废油高效回收利用设备等固废处理配套装备。推广农作物秸秆还田、生物质燃料等技术与装备、秸秆固化成型等能源化利用技术及装备
		鼓励报废汽车拆解企业与汽车生产企业的技术研发合作。支持大型盾构机、发动机等机械装备再制造核心技术研发攻关和产业化示范。支持办公耗材、家用电器等现代都市废弃物绿色拆解技术研发，有色金属及贵金属回收深加工成套工艺及装备技术研发，环保型废旧线缆、环保型废弃橡胶制品等高值化利用集成技术研发，积极支持和推动绿色拆解与再制造先进技术及产业化成果向京外输出

（续表）

主要任务	激发节能环保市场需求：加强资源能源节约与环境建设的标准升级引导。加强公共环境设施建设投资并向社会资本开放。加强绿色消费市场培育对产业发展的拉动作用。加强资源产品价格和环境收费的杠杆促进作用 完善产业技术创新体系：加强以企业为主体的技术创新能力建设。强化首都节能低碳创新平台的统筹促进。建设三类支撑产业发展的公共服务平台。着力推进节能环保技术创新成果产业化 优化产业发展组织模式：加强创业孵化，壮大中小企业力量。推动产业重组，塑造行业龙头企业。搭建产业联盟，促进产学研用合作。建设产业基地，引导产业集群发展 优化产业发展空间布局：以海淀园和昌平环保园为依托，打造北部节能环保技术策源地。以石景山绿能港和丰台总部基地建设为契机，打造中部节能环保超大型集团总部汇聚区。以北京经济技术开发区、金桥环保产业基地为重点，打造南部节能环保装备制造基地 实施一批产业化重点工程：重大节能技术和装备产业化工程。半导体照明产业化及应用工程。"城市矿产"基地建设工程。关键环保技术装备及产品产业化示范工程。土壤及生态修复技术应用示范和产业化工程。节能环保领域智慧管理系统建设与产业化工程 支持企业对外辐射发展：积极承接国家重大专项和工程项目。支持企业积极开拓国内其他地区业务。支持企业引入国际创新资源。鼓励企业广泛开拓国际市场

三、上海市环保产业发展目标与重点领域①

1. 发展基础

产业发展形成一定基础。2010年上海市规模以上节能环保企业约有136家，2010年节能环保产业总产值约390亿元，其中：节能环保制造业实现总产值359亿元，节能环保服务业主营业务收入31亿元，初步形成了包括技术研发、产品装备制造、产业服务、市场营销等领域的产业体系。

研发创新能力国内领先。上海具有人才和科研综合优势，众多科研院所、高等院校、重点企业具有较强的节能环保科研开发能力，产学研合作模式初步形成。从创新成果看，近年来，在水、气、声、固废监控与治理、节能环保技

---

① 资料来源：《上海市节能环保产业发展"十二五"规划》。

术、清洁生产技术、受损环境修复七个领域的专利申请量位居全国前五名。

部分产品技术具有优势。依托综合科研优势和骨干企业，部分节能环保产品和技术在国内具有一定优势。电除尘、袋除尘核心材料配件，高压变频调速，非晶态变压器，汽车尾气三元催化剂和陶瓷滤料，电厂"零"能耗脱硫技术，超细钢渣微粉技术等处于国内领先水平；低热值高炉煤气燃气蒸汽联合循环发电、吸声隔音材料等在国内市场也具有较强的竞争优势。

服务产业发展初具雏形。环境工程服务、系统设计、技术服务、设备成套、第三方运营管理等系统集成服务初具规模。

2. 发展目标

（1）快速提升产业能级。到 2015 年，节能环保产业总产值达到 780 亿元，其中：环保制造业 140 亿元，资源循环利用产业 200 亿元，节能环保服务业 160 亿元。培育 10 家产值在 20 亿元以上、具有国际先进水平的龙头企业，100 家产值超过 1 亿元、具有创新活力和自主知识产权的骨干企业，一批机制灵活、技术领先、模式创新的中小企业得到蓬勃发展。

（2）着力增强创新能力。通过企业自主创新、产学研联合、先进技术消化吸收和二次创新，增强重点领域技术创新能力。到 2015 年，重点建设 10 个市级以上企业技术中心、10 个技术创新和公共服务平台，攻克 30 个关键共性技术并实现转化应用，实施 30 项装备技术水平在国内领先的产业化示范项目，重点领域技术保持国内领先水平，部分节能环保装备技术达到或接近国际先进水平。

（3）逐步优化空间布局。到 2015 年，空间布局逐步优化。依托生产性服务业园区，在虹口、杨浦、徐汇等区县基本建成 10 个功能完善、相对集中的节能环保服务业集聚区；依托大型产业基地，在浦东、嘉定、闵行、宝山、奉贤等区县基本建成 5 个与制造业紧密衔接、节能环保制造业相对集聚的产业基地。

（4）跨越发展服务产业。到 2015 年，重点培育发展 10 家在国内具有明显综合竞争优势的总集成总承包服务企业，50 家具有区域性核心服务能力的节能环保检测评估、规划设计、工程咨询、技术服务、展示交易等专业服务机构，500 家专业化配套服务能力强的节能环保服务企业，形成与节能环保制造业有机融合、功能完善、特色鲜明的服务产业体系，使上海成为国内最重要的节能环保服务产业基地。

3. 环保产业重点领域

（1）环保技术和装备。

水污染防治装备。重点发展城镇污水深度脱氮除磷一体化技术及成套装备、膜生物反应器（MBR）、反渗透离子交换膜技术（RO + EDI）处理系统、先进排污过滤工艺设备。加快发展污泥除臭灭菌技术、离子交换处理工艺、重金属废水处理资源化、离子交换渗透膜（EDI）等。

大气污染防治装备。围绕大气可吸入颗粒物（PM2.5）治理工作，着力提升大气污染治理技术装备的水平和产能。通过组织实施一批重点工程，提升在燃煤电厂、工业炉窑、垃圾焚烧炉等设施的烟气脱硫脱硝除尘技术集成和成套服务能力，发展布袋除尘器的耐高温耐腐蚀高效滤料和高压脉冲阀等关键配件，推动机动车尾气净化装备材料及实时监测等关键技术的国产化，提高挥发性有机物（VOCs）治理装备技术水平。到2015年，大气污染治理装备产品产值达到60亿元，形成2～3个产业集聚区。

危险废物与土壤污染治理。加快研发重金属、危险化学品、持久性有机污染物、放射源等污染土壤的治理技术与装备。推广安全有效的危险废物和医疗废物处理处置技术和装置。

环境监测仪器仪表。大力发展PM2.5等颗粒物检测设备，重点发展高精度、高可靠性智能化的环保自动化控制系统和关键精密仪器及信息技术。重点加强区域性特征污染物实时自动监测系统、应急监测仪器设备的开发和应用，以及伽马和中子射线检测仪的生产，加快重金属在线监测等技术的示范推广。

（2）环保产品。

环境噪声治理。重点开发推广公路、铁路、高速铁路、城市轨道交通等新型实用噪声与振动控制设备及材料，加强城市声环境敏感区域的高效隔振、噪声与振动控制。

环保材料。重点研发和示范膜材料和膜组件、高性能防渗材料、布袋除尘器高端纤维滤料和配件等；推广离子交换树脂、生物滤料及填料、高效活性炭等。

环保药剂。重点研发和示范有机合成高分子絮凝剂、微生物絮凝剂、脱硝催化剂及其载体、高性能脱硫剂等；推广循环冷却水处理药剂、杀菌灭藻剂、水处理消毒剂、固废处理固化剂和稳定剂等。

（3）环保服务。

重点支持可提供废水处理、烟气脱硫、低氮燃烧等领域全面解决方案的环境工程总承包服务。积极发展特许经营项目融资模式（BT、BO、BOT）等多种特许经营模式，建设上海重金属污染控制与资源化工程技术研究中心、水污染控制专业技术、清洁生产共性技术研发和应用服务等技术创新和公共服务平台，探索推行合同环境管理模式，推进环境污染治理设施运营向规模化、专业化、社会化方向发展。依托虹口花园坊节能环保产业园、宝山国际节能环保产业园、杨浦环保科技产业园等服务业集聚区。

专栏：环保产业关键技术

在用柴油机（车）尾气净化装备技术：针对柴油机（车）排气净化和PM2.5的治理，研发重点是催化还原技术及其装备，尿素喷射系统和实时监控监测，发展国产载体和催化剂涂覆，非膨胀衬垫。

烟气连续监测（系统）技术：加快技术自主研发，其中红外碳硫分析、氧氮分析达到国际先进水平。

高性能膜处理技术：脱盐率达到99.8%，提升膜通量和抗污染性。重点发展膜生物反应器（MBR）、生活污水脱磷脱氮先进工艺装备。

环境污染源载体监测技术装备：基于云计算的宽光谱和电化学智能水质传感器的城市水环境安全监管系统。安全预警系统达到国内领先、国际先进水平。提高水质监控的信息化、高效化、时效化。构建智慧水网，实现从源头到龙头对饮用水进行在线监测，保证用水安全。

布袋、电袋除尘器关键技术：研发重点是优质的耐高温、耐腐蚀纤维及覆膜滤料工艺技术，提升袋式除尘对烟气中的颗粒物尤其是PM2.5的捕集率达到99.5%。重点研发的袋式除尘器高压无膜脉冲阀高效使用达到500万次以上，产品性能达到国际先进水平。

噪声与震动控制技术：重点研发地铁大面积阻抗消声技术装备，使用温度在事故工况250℃条件下保证正常工作1小时。

重金属废水处理及资源化技术：重点研发含有络合物的重金属废水（如镀镍废水）的处理技术和装备，开发重金属污泥的资源化技术。

（4）工业再制造。

重点推进汽车零部件、工程机械、机床、电机等再制造，鼓励开展打印机耗材、通信终端设备、办公用品等产品的回收和再制造。研究开发废旧机电产品剩余寿命评估、再制造设计、资源化预处理等关键技术。依托上海临港产业区、嘉定汽车城等重点园区，大力推进汽车零部件和机电产品再制造。通过积极引进卡特彼勒、沈阳大陆激光、通用汽车等一批国内外领先的再制造企业，积极推进汽车发动机、变速箱、轮胎、高效电机、工程机械液压泵及发动机零部件、柴油发动机喷油嘴、涡轮动力机组关键部件，推进一批重大示范项目建设，到 2015 年，实现再制造汽车发动机 5 万台，再制造高效电机 240 万千瓦，工程机械等 2 万台套，全市再制造产品产值达到 50 亿元。

（5）大宗固体废弃物综合利用。

重点开展工业固废脱硫石膏、粉煤灰、冶炼渣的深度利用和领域拓展与开发，推广脱硫石膏的资源化技术；开展脱硝粉煤灰应用研究，推广钢渣矿渣微粉。深度利用生产低碳型配置水泥 600 吨/天及以上生活垃圾焚烧及其烟气处理系统成套设备、城市污水厂污泥半干法处理或炭化成套设备、生活垃圾热解处理设备。研发和推广建筑废弃物分类设备和混杂料再生利用技术装备。到 2015 年，综合利用工业固体废弃物 2500 万吨左右，形成 550 万吨矿渣微粉、100 万吨钢渣微粉、5 万吨软磁铁氧体材料、25 万平方米钢渣彩砖、25 万平方米热态熔渣制微晶玻璃和 4 万吨的热态熔渣制矿棉的产业化发展目标，实现固体废弃物综合利用率 97% 以上，产值超过 50 亿元。

（6）废旧电子电器综合拆解利用。

重点开展以"四机一脑"、办公设备、印刷线路板、废旧电池电瓶等废旧电子电器的拆解、分选、处置利用，提高深度化处置利用水平。

（7）资源循环利用服务。

重点建立和完善可再生资源信息化网络回收利用体系，建设大宗废旧物资交易平台、理化分析测试公共服务平台、固废资源利用产业创新技术联盟、材料质量检测专业协作服务平台等公共服务平台。基本实现 12 个重点行业清洁生产全覆盖，组织开展资源综合利用和工业再制造企业与产品认定。

专栏：资源循环利用产业关键技术

废旧机电产品再制造技术：重点发展废旧机电产品绿色拆解与检测技术、再制造产品设计、产品粉碎及粒化、剩余寿命评估、质量自动控制、虚拟再制造等技术。

废旧电器电子产品再利用技术：主要用于家电和废印制电路板自动拆解和物料分离，废旧家电和废印制电路板资源化利用。重点是高效粉碎与旋风分离一体化技术，风选、电选组合提纯工艺和多种塑料混杂物直接综合利用技术。

餐厨废弃物制生物柴油、沼气等技术：重点是应用酸碱催化法及化学法制生物柴油和工业油脂技术，制肥和沼气化技术与装备以及酶法、超临界法制油技术。

建筑废物分选及资源化技术：重点是建筑废物分选技术及装备，废旧砂灰粉的活化和综合利用，轻质物料分选、除尘、降噪等设施。

工业固废深度利用技术：人造轻骨料、建筑加气砌块、淤泥砖等新型墙体材料技术，超细粉煤灰作塑料及橡胶制品填充技术，粉煤灰及其他固体废弃物在墙体自保温材料中的应用和城市景观绿化应用技术，超细钢渣微粉（比表面积 600 米^2/千克）在复合矿粉特种干粉砂浆中的产业化技术。污泥处置利用技术，包括好氧堆肥、水泥协同焚烧、污泥厌氧产沼气利用、污泥焚烧后残渣利用等。

高效工业节水与中水回用技术：通过实时监测水质、调节时间比例等手段减少生产工艺用水；通过过滤、膜分离、离子交换等手段处理工业废水，收集雨水进行处理后回用，实现水的分级循环利用。

四、山西省促进环保产业的行动方案①

1. 目标和重点领域

（1）固废综合利用工程。推进大宗工业固废生产高效节能新型建材，煤矸石和粉煤灰制备化工原料，煤矸石、冶炼渣、电石渣生产新型功能材料。支持固废开发生产环保药剂，开展赤泥脱碱工艺技术研发，支持冶炼渣提取贵金属和稀土金属，推进煤矸石、粉煤灰用于路基材料、井下填充、土地复垦和回填造地。政府性公共建筑、市政工程优先使用固废综合利用建材产品。抓好 200 个资源综合利用重点项目建设。到 2015 年，煤矸石综合利用率达到 65% 以上，粉煤灰综合利用率达到 80% 以上。

（2）清洁生产推进工程。推进共性清洁生产工艺技术和绿色环保原材料开发，开展碳捕集、封存和利用技术研发，加大有毒有害原材料替代产品研发应用。推广烧结烟气多组分污染物干法脱除技术、水泥窑炉低氮燃烧技术应用。加快电厂锅炉脱硝技术改造，2015 年全省电厂锅炉全部实现脱硝技术改造。在太原市开展工业清洁生产示范试点，从源头降低细颗粒物（PM2.5）排放。开

① 山西省经信委：《加快推进工业节能环保产业发展行动方案》，2014 年 1 月 7 日。

展重点行业、重点企业和工业园区清洁生产审核，制订重点行业清洁生产技术方案，建立评价标准，支持重点企业实施清洁生产技术改造，推进清洁生产审核、咨询、设计服务机构建设。

（3）"城市矿产"治理工程。加快再生资源回收利用体系建设，加大废轮胎、废旧汽车、废旧家电及电子产品、废旧金属等回收再生利用。加大废旧家电及电子产品拆解分选工艺技术研发和环保治理力度。在太原、临汾、运城等市建设废钢铁回收加工中心。推进国家级铅资源循环利用体系建设试点，清理整顿铅酸蓄电池和再生铅回收利用企业，对不符合国家产业政策的企业立即关停淘汰，对环保设施不完备的企业实施治理整顿，推进符合条件的企业实施行业准入，综合治理危险固废。

（4）再制造提升工程。提高再制造技术水平，促进再制造旧件回收，扩大再制造产品领域。支持轨道交通、煤炭机械以及汽车零部件等机电产品再制造。推进再制造发动机、电动机等再制造产品"以旧换再"，落实"以旧换再"中央财政补贴政策。研发无损拆解、无损检测、表面预处理、寿命评估等再制造技术装备。在大型煤矿及机加工企业建立旧件回收再制造体系，支持专业化公司为工矿企业设备的高值易损部件提供个性化再制造服务。

（5）"两型"园区示范工程。按照建设资源节约型、环境友好型产业园区的要求，在大同市南郊区塔山工业园区、朔州市工业固废综合利用示范园区、交城经济技术开发区、太原不锈钢产业园区、屯留县康庄工业园区等10个产业园区开展"两型"示范建设，实施产业循环化改造，推进园区完善产业链。建立产业园区资源能源消耗、废物排放减量化和资源化考核体系，强化资源环境总量控制，打造园区"升级版"。加大政府资金投入，推进产业园区集中供热、废物交换利用、污水集中处理回用等节能环保公共基础设施建设。

（6）低热值煤发电工程。落实《山西省低热值煤发电项目核准实施方案》，加快煤矸石、煤泥、洗中煤等低热值煤燃料综合利用电源点建设。加强煤矸石发电机组运行管理，对入炉燃料热值实行定期核验，对脱硫脱硝、除尘和污水处理设施的运行情况实行在线监测。落实生产者主体责任，推进电力生产企业对其粉煤灰、脱硫石膏实施综合利用。

（7）废水处理回用工程。推进矿井水资源化利用，经深度处理达到相应用水标准的矿井水，水利和市政部门要优先安排使用。到2015年，靠近城区、产业集聚区的大中型煤矿矿井水复用率达到80%以上。推进焦化、化工、冶金等行业工艺废水深度处理及回用，焦化企业废水要100%处理回用。推广垃圾渗滤液处理技术应用，加大工业废水膜处理、生物处理等深度处理技术工艺研发应用。

（8）环保装备制造工程。示范推广大气治理技术装备，开发新型水处理技术装备，推动垃圾处理装备成套化，加强环境监测仪器设备和污染源自动监控系统的开发应用，支持废旧再生资源物联网监测与信息化集成技术开发，推进废物资源化过程监控技术应用，提升废物资源化管理和技术服务能力。支持废旧金属高效分选拆解等预处理技术与装备研发，支持废旧塑料分选分离技术与装备、超净化处理改性再生技术与装备研发。发展产业废物生产新型建材、烟气净化系统以及飞灰稳定化系统等关键装备，推进生活垃圾焚烧发电装备成套化。

2. 2014 年山西省推进工业资源综合利用与清洁生产发展行动计划

（1）培育百户重点企业。在煤炭、电力、冶金、化工等行业选取一批重点企业开展清洁生产示范建设，通过优化工艺、改造装备、加强管理、环保治理、综合利用等措施，推进企业生产过程废物最少化。围绕煤矸石、粉煤灰、脱硫石膏、冶炼渣等大宗工业固废以及工业废水、废旧轮胎、废金属等废弃资源的综合利用，培育一批资源综合利用重点企业，扩大利废规模，发展高端产品，提升装备水平。通过规划布局、落实政策、协调服务、资金支持，将企业打造成我省乃至全国资源综合利用和清洁生产的标杆企业。

（2）实施百项重点项目。推进 217 个工业资源综合利用和清洁生产重点项目建设，通过重点协调、重点帮扶、重点服务，力争 2014 年 90% 的项目开工建设、40% 的项目投产或部分投产。通过项目带动，发展综合利用高端产品，推进我省工业向"无废生产""无公害工艺"方向发展，向绿色工业发展。

推进以利用大宗工业固废为主的 109 个新型建材项目建设，项目达产后，预计可年消纳煤矸石、粉煤灰、脱硫石膏、冶炼渣等工业固废 3060 万吨。推进 21 个资源综合利用电厂项目建设，项目达产后，预计可年消纳煤矸石、城市垃圾 2038 万吨，利用瓦斯、高炉煤气等可燃气体 11.54 亿立方米。

推进以废塑料、废金属、废铅蓄电池、废轮胎等废料开发利用为主的 43 个"城市矿产"项目建设，项目达产后，预计可年消纳利用以上废料 390 万吨。

推进 12 个工业废水处理回用项目建设，项目达产后，预计可年处理废水 2644 万吨，回用 520 万吨。推进 32 个清洁生产项目建设，项目达产后，预计可年减排二氧化硫 8948 吨、氮氧化物 12903 吨、烟尘 14307 吨、挥发性有机物 8537 吨。

（3）抓好"一个基地、十个园区"示范建设。以资源综合利用产业集群集聚发展、产品高端发展为方向，推进国家级朔州工业固废综合利用示范基地建设。重点推进园区集中供汽、集中污水处理、道路交通等基础设施建设。发挥北京大学工学院在朔州市建立的工业固废综合利用研发中心的科研力量，打造重点实验室，开展工业固废综合利用基础研究，开发高附加值产品。发挥朔州市政府与亚洲粉煤灰协会建立的亚洲粉煤灰研发中心平台，加大资源综合利用新产品、新技术、新工艺引进和推广力度。发挥朔州市政府与亚洲粉煤灰协会建立的亚洲粉煤灰发展基金平台，加大以资源综合利用为重点的招商引资力度。先行先试，对粉煤灰、脱硫石膏综合利用企业探讨实施网前电价政策，完善固废园区配套建设用地规划。

建设资源节约型、环境友好型示范园区，促进生态文明建设。在全省选择产业集中度高、废物排放多、资源消耗大的大同市南郊区塔山工业园区、交城经济技术开发区、阳泉市郊区白泉工业园区、太原不锈钢园区等 10 个产业集聚区，建立以资源能源消耗、污染物排放为主要考核内容的考核机制，推进园区三废治理公共基础设施建设，推进入园企业落实生产者延伸责任，加大入园企业以清洁生产为重点的技术改造，促进园区工业固废减量化、资源化、再利用。

（4）加大九项关键技术攻关。针对省电力、冶金行业固废资源综合利用、清洁生产工艺技术瓶颈制约，重点推进钢铁行业废料最少化工艺技术研发、煤矸石高附加值综合利用产品开发、碳捕集封存和利用技术开发等九项关键技术攻关，以企业技术中心和专业院所为主体，产学研用结合，加大科技投入，积极引进人才，创新合作方式，力争在关键核心技术上取得新突破。

3. 政策措施

为了促进环保产业的发展，山西省设计的政策措施包括：

加大资金扶持力度。在省级节能改造资金中列出专项，重点支持节能产品推广、高效节能电机和高效节能锅炉、关键技术设备研发及应用示范和产业化发展。优选市场前景好、经济效益显著的优势项目，优先推荐申报中央财政专项资金。引导企业购买使用国家高效节能工业产品推广目录中的节能通风机、节能清水离心泵、节能容积式空气压缩机、节能配电变压器等高效节能工业产品，按照国家有关财政补贴标准给予企业资金补助。

落实税收优惠政策。鼓励企业采用合同能源管理机制实施节能技术改造，对符合条件的合同能源管理项目，每节约吨标准煤财政奖励400元。对符合条件的节能服务公司实施的合同能源管理项目取得的营业税应税收入，暂免征收营业税；对其无偿转让给用能单位的因实施合同能源管理项目形成的资产，免征增值税；对符合条件的节能服务公司实施合同能源管理项目，符合企业所得税税法有关规定的，自项目取得第一笔生产经营收入所属纳税年度起，第一年至第三年免征企业所得税，第四年至第六年按照25%的法定税率减半征收企业所得税（即"三免三减半"）。

强化金融服务支持。定期组织银企洽谈，建立银企合作平台，帮助企业落实项目贷款。落实国家在担保、特许经营权等方面的优惠政策，引导和鼓励社会资本投入节能产业。推进节能企业利用资本市场筹措发展资金，积极支持符合条件的节能企业上市。

增强自主创新能力。支持企业与国内外专业研发机构合作，引进消化吸收国内外先进的节能技术、工艺和关键装备，支持企业开发具有自主知识产权的技术产品。支持重点企业建立企业技术中心，发挥企业创新主体的作用。鼓励企业加大新技术、新产品、新工艺的市场开发力度，支持企业享受研发费用加计扣除政策及其他优惠政策。

扩大省内节能产品市场占有率。建立产品产销对接长效机制，省内重大项目、交通公用设施等建设项目以及工业企业重点技术改造项目采购设备、产品时，在同等质量、同等价格、优质服务的条件下优先购买使用省内节能产品。发挥政府采购示范带动作用，在同等条件下，将我省节能产品优先列入政府采购清单，提高节能产品采购比例。实施节能产品认证制度，引导消费者购买高效节能产品。

实施节能产业目标责任制考核。将节能产业发展列入各市、各部门年度节能目标考核方案，发挥节能目标考核的导向作用。将节能技术研发、节能产品采购作为对企业节能目标考核的一项重要内容，鼓励企业开展节能技术自主研发、优先购买节能装备产品。

五、贵州省"十二五"节能环保产业发展规划

1. 发展目标

到2015年，节能环保产业投资超过100亿元，培育一批具有较强竞争力的

节能环保企业集团，年产值超亿元的节能环保企业数达到 20 家以上，其中超 10 亿元的企业 2~4 家；扶持和壮大一批中小企业；建成布局合理、品牌效应明显，在全国具有一定影响力和竞争优势的节能环保装备产业化基地。

到 2015 年，节能环保装备和产品质量、性能大幅度提高，形成一批拥有自主知识产权和自主品牌，具有核心竞争力的节能环保装备和产品，部分关键性技术尤其是抗污染复合反渗透膜及组件达到国内先进水平。

节能环保产品市场份额逐步扩大到 2015 年，高效节能产品市场占有率显著提高，资源循环利用产品和环保产品市场占有率大幅提高。

节能环保服务得到快速发展。城镇污水、垃圾和脱硫、脱硝处理设施运营基本实现专业化、市场化。

2. 重大工程

（1）"城市矿产"示范工程。争取将贵阳市列为国家"城市矿产"示范基地，并积极支持各市（州、地）中心城市回收体系、资源再生利用产业化、污染治理设施和服务平台建设，推动我省废弃机电设备、电线电缆、家电、汽车、手机、铅酸电池、塑料、橡胶等再生资源的循环利用、规模利用和高值利用。到 2015 年，贵阳市达到年处理"城市矿产"资源 68 万吨，其中废钢铁 40 万吨、废有色金属 15 万吨、废塑料 10 万吨，拆解各类废旧家电 50 万台（套），拆解报废汽车 12000 辆的规模。年累计销售收入实现 58.74 亿元，解决 8000 人的就业和再就业。全省实现产值 50 亿元。

（2）再制造产业化工程。支持汽车零部件再制造，完善可寻制造旧件回收体系，重点支持建立一批省级重大示范项目。到 2015 年，再制造产业产值达到 40 亿元。

（3）产业废物资源化利用工程。以共伴生矿产资源回收利用、尾矿稀贵金属再选、大宗固体废物大掺量高附加值利用为重点，推动资源综合利用基地建设，鼓励产业集聚，形成以示范基地和龙头企业为依托的发展格局。推进煤矸石、粉煤灰、脱硫石膏、磷石膏和冶炼废渣等大宗工业固体废弃物的综合利用；推进共伴生矿产资源和尾矿综合利用；推进建筑废物和道路沥青再生利用。推进贵阳成智科技建材有限公司建筑垃圾再生循环利用示范基地建设项目，国华天鑫公司黄磷尾气制二甲醚、磷都公司黄磷尾气制甲酸二期、焦化尾气回收甲烷制 LNG 等一批大宗固体废弃物、工业废气资源化利用项目。积极研究开发赤泥综合利用技术、移动破碎工作站建筑垃圾处理设备应用推广。到

2015 年，我省主要工业固体废物综合利用率有新提高，矿产资源综合回收率提高 5 个百分点以上，节能利废的新型墙材产能占全省墙材产能的 80% 以上。工业固废综合利用率达到 60% 以上，产值达 45 亿元。

（4）重大环保技术装备及产品产业化示范工程。实施重金属污染防治、污泥处理处置、挥发性有机物治理、畜禽养殖清洁生产、膜生物反应器、烟气脱硫脱硝、环保水煤浆等方面技术装备及产品产业化示范，掌握高性能膜、脱硝催化剂纳米级二氧化钛载体、高效滤料等污染控制材料生产的相关知识产权。重点建设环保工业园区和资源循环利用重点项目。建立贵阳市以水污染治理和环保服务业为主的环保综合工业园区，并积极推动贵阳时代沃顿膜分离材料及组件产业化项目以及贵州成智重工科技有限公司建筑垃圾再生利用装备产业化项目建设；建立遵义市以大气污染防治为主的环保工业园区。到 2015 年，形成一批具有技术研发、系统集成、装备生产、工程设计和建设能力的环保骨干企业。环保装备产值超过 50 亿元。

（5）节能环保服务业培育工程。建立全方位环保服务体系。积极培育具有系统设计、设备成套、工程施工、调试运行和维护管理一条龙服务的总承包公司，大力推进环保设施专业化、社会化运营，扶持环境咨询服务企业。到 2015 年，环境服务业产值超过 20 亿元，城镇污水垃圾处理及电力行业烟气脱硫脱硝等领域专业化、社会化服务占全行业的比例大幅提高。

3. 主要政策措施

（1）加大财政支持力度，完善各项优惠政策。设立节能环保产业发展专项资金，鼓励节能环保产业技术进步和成果转化，加快节能环保产业发展。进一步落实有关节能环保产业、清洁生产和资源综合利用的税收、土地、信贷等优惠政策。

（2）拓宽企业融资渠道。鼓励金融机构适当放宽对节能环保企业的信贷政策。地方财政加大对资质好、管理规范的节能环保中小企业信用担保机构的支持力度，落实特许经营权、收费质押贷款。选择条件较好的节能环保企业，通过资产重组、控股、参股、上市融资等方式，进入资本市场融资。支持符合条件的节能环保企业发行企业债券、中小企业集合债券等。鼓励社会资金投入环保产业，形成投资主体多元化、运营主体企业化、运行管理市场化的发展格局。

（3）激励研发创新，提升企业核心竞争力。按照"整合、开放、共建、共享"原则，优先支持高等院校、科研院所、企业建立一批国家级、省级节能环保重点实验室、工程（技术）研究中心和企业技术中心等创新平台。着力打造有特色的节能环保产业基地。支持节能环保企业、科研院所的品牌建设，参与制定行业技术标准。在重点节能环保领域，建立起企业牵头组织、高等院校和科研院所共同参与的战略联盟，大力促进企业自主创新能力建设。

（4）加强市场监管，维护市场秩序。建立统一的节能环保产业管理体系，加强行业监督和节能环保市场规范，健全节能环保工程建设、设施运营、环境影响评价、环境监测、危险废物处理处置等领域的市场准入制度，防止节能环保产业市场的垄断和恶性竞争。支持节能减排指标体系、考核体系、监测体系建立。加强行业协会能力建设，积极推进规范节能环保工程建设程序，确保工程质量。支持环保、清洁生产、节能降耗等技术和产品的研究及标准制定，促进形成规范有序的节能环保产业市场体系。

（5）加强人才队伍建设。坚持培养与引进并举的方针。围绕节能环保产业重点领域，培养造就一批定位明确、层次清晰、结构合理、团结协作的具有国内领先水平的创新团队。以创新平台和项目为依托，加大人才培养、选拔和引进的力度，汇聚一批具有国内领先水平的学科带头人和国内外优秀人才；依托骨干企业，造就一支工程技术、经营管理、资本运营人才和企业家队伍，为节能环保产业提供全方位的人才服务和支撑。

（6）加强区域交流与合作。加强国内外交流和合作，积极组织节能环保产业界参加区域性的经贸洽谈和交流活动，争取引进更多的节能环保合作项目、资金和先进技术；充分利用国际金融机构和外商直接投资，引进先进的环保技术、设备和管理，缩短我省节能环保产业与发达省份之间的差距。积极鼓励节能环保产品由单一设备向一条龙服务转化。

六、陕西省环保产业发展重点和产业布局[①]

为促进陕西省环保产业的发展，2010 年 6 月，陕西省政府办公厅发布了《陕西省环保产业发展规划》（简称《规划》）。《规划》依托陕西的地理资源特点，提出了环保产业未来发展的重点领域和产业布局。

1. 发展重点

（1）环保产品生产。

---

① 资料来源：《陕西省环保产业发展规划》。

①水污染防治装备。依托陕鼓集团、陕西兰环等龙头企业，同时积极引进国内外投入，重点发展2万吨以上城市污水处理技术和成套设备。开发节能污水处理设备，开展全流程节能降耗工程示范；研发垃圾渗滤液处理新技术和设备，发展居民小区污水处理技术和设备、中水处理及回收利用成套设备；开发适合中小城镇和农村生活污水处理的分散式污水处理技术、高效人工湿地、人工生态水处理技术。以系统技术完善提升及设备成套化、系列化、高新技术化为目标，以污染物减排、清洁生产、工业废水回用技术研究与设备开发为重点，攻克废水处理新技术难关，并研制相应成套设备。研发地下水饮用水源净化技术和设备，攻克原水中氮磷、难降解有机物的高效去除关键技术，饮用水复合微污染净化技术难关，研发相关技术的中试规模处理设备，建立高效净化示范工程。

②大气污染防治装备。依托西矿环保、西安华江、中国重型机械院，开发高可靠性、低运行消耗、副产品综合利用的烟气脱硫、脱硝、除尘和工业有机废气净化及机动车尾气净化技术与设备。重点发展高效电除尘器、电袋复合高效除尘器、高温高滤速袋式除尘器技术。开展大气污染物削减控制技术研究，重点研究SO_2、NO_x燃烧过程同步控制与治理技术，工业排放有毒有害有机污染物的控制技术；支持燃煤汞污染、二噁英、VOC等大气污染物控制技术研究，开展脱硫副产物资源化利用技术研发及集成示范。

③固体废弃物处理装备。依托宝深建材机械、阎良朝凤等企业，以废物减量化、无害化、资源化为目标，大力发展垃圾、工业废弃物及污泥处置装备。重点发展城镇生活垃圾分选、焚烧发电和垃圾焚烧尾气处理设备的设计制造；在城市生活垃圾热值偏低的城镇鼓励开发应用垃圾资源化、无害化综合回收利用设备；适度发展有机垃圾生物处理设备。发展工业固体废物、医疗垃圾、有毒有害废物回收和综合利用设备。尽快建成一批生活垃圾焚烧、污泥资源化处置产业化示范工程。

④环境监测仪器仪表。紧密围绕国家重大节能减排工程对实施污染源监督性监测和重点污染源现场监测的需求，促进具有自主知识产权的连续自动和便携监测技术与设备产业化。鼓励发展先进环境监测技术，重点发展环境质量在线监测与遥感遥测技术和监控系统。支持发展饮用水源污染物痕量与超痕量检测技术与设备。重点支持发展多参数废水及烟气排放在线监测技术和成套仪器设备，积极发展环境污染治理设施自动控制以及污染源监测数据无线传输技术与装置，鼓励开发适应市场需求的便携式污染分析检测设备。

⑤节能与清洁生产装备。依托西玛电机、海浪锅炉、咸阳压缩机等企业，加强工业设备领域节能设备研发生产，积极推广节能电机、锅炉、风机、压缩机、内燃机、变压器、调速器等，合理利用余热余压。推广洁净燃烧技术，重点发展高效洁净催化燃烧和循环流化床锅炉、袋式除尘器高效清灰技术。加快发展低碳经济，通过大力实施低碳技术改造传统工业，发展清洁生产，减少碳源、增加碳汇，加大碳中和、碳捕获与封存的技术创新力度。积极推进建筑节能和绿色建筑工作，推广节能、节电技术的开发和产业化应用。

⑥新型环保材料与药剂。研究开发和推广新型载体填料、新型絮凝剂、吸附剂等水污染治理新材料，开发高温过滤及净化用多孔陶瓷材料、高性能碳纤维材料、生物除臭剂等，开发噪声振动控制新材料和新技术，形成初具规模的新型环境污染控制材料生产能力。

（2）环保服务业。

①环保技术开发。主要发展水体、大气、噪声、固废、生态、环境监测等方面具有自主知识产权的核心技术。水污染治理方面，重点开发流域污染控制技术，特别是渭河流域污染控制技术、汉丹江饮用水源地安全技术、污水处理厂除磷脱氮技术。大气污染治理方面，重点开发火电脱硫工艺的独立设计、调试、运行技术，脱硫副产物再利用技术以及脱硝技术。固体废物处理处置方面，重点开发台处理能力200吨/天以上的大型垃圾焚烧设施、危险废物安全处理处置以及污水处理厂污泥无害化、资源化处理处置技术。

②环保中介服务。加强中介机构的功能建设，重点扶持和培育一批从事环保技术评估、环保技术咨询、环保成果推广应用等业务的社会化中介服务机构。加强环境工程设计及相应服务，大力推进环境咨询服务市场化，深化战略环境影响评价和规划环评；加强清洁生产在线监测，建立推进清洁生产的技术支撑体系；创新环保服务业管理模式，建立环保技术咨询评估制度，完善环境标准和技术法规体系。

③融资与销售服务。搭建环保产业银企合作平台，积极推进企业与金融机构的战略合作，开发多种金融产品，争取更多的金融支持。大力扶持一批品牌企业，加快环境工程建设，促进环保基础设施特别是污染物处理、污染防治设施建设和运营的产业化、专业化及市场化。重点发展能提供融资、设计、设备成套安装调试、工程运行和管理一条龙服务的总承包公司，实现从设备制造向环保集成服务的转变。

④技术交易和信息化服务。加快建立环保信息化平台，定期发布环保产业

发展重大信息，展示环保科技新发明、新技术、新工艺、新产品。建立环保技术、产品交易市场，为环保企业的科技开发、技术转让、技术服务、产品交易、工程承包等提供信息咨询和综合技术服务。从信息化入手，建立环保信息数据库，为信息咨询服务提供服务平台和基础信息；加快先进、成熟技术的推广应用，建立健全环保技术、产品推广和技术转让网络，为环保产业发展提供技术支撑。

⑤人才培训服务。优化环保产业人才结构，建立多层次的环保产业人才培养体系。支持有条件的企业设立博士后科研工作站等专业科研机构。发挥职业技术学校、技工学校的作用，加大技术工人、专门技术人才和高级管理人才的培养力度。鼓励大型环保企事业单位建立职业技术培训中心，不断提高员工的技能和管理素质。

⑥污染治理设施建设运营服务。强化环境治理专业化运营，大力推行环境污染治理设施和自动连续监测的市场化、企业化和专业化运营管理。重点发展城市污水、工业废水、生活垃圾，工业固体废物、废气治理设备、设施在线监测的多渠道融资建设，特许权经营和社会化管理。发展自动在线监测仪器设施的性能测试服务，建立完善仪器设备的检测程序，规范检测制度，健全管理机制。

（3）资源综合利用。

①工业废弃物综合利用。推进石油炼制过程中的火炬气、酸性气体等废气回收和综合利用。重点发展从冶炼渣、矿山尾矿、粉煤灰等回收有价金属技术，提高资源综合利用附加值。发展煤矸石、煤泥发电，大力发展利用煤矸石、粉煤灰生产新型墙体材料项目。推广碱渣、电石渣等化工废渣在建材产品中的应用技术。积极推广电厂脱硫石膏、磷石膏等工业副产石膏替代天然石膏的资源化利用。发展造纸、食品、印染、化工、纺织等行业废液的资源化利用，重点回收可利用资源。推进工业废水循环利用，扩大再生水的应用，大力推进矿井水资源化利用。发展工业窑炉的余热余压发电和余热分级利用。加强共生矿产资源选矿和冶炼过程中的综合回收利用。

②再生资源回收利用。完善再生资源回收体系，规范市场秩序，加快废旧资源加工利用的产业化，培育再生资源集散加工基地。重点支持废旧产品的循环利用，引导再生资源回收利用向规模化发展，大力提高废旧资源循环利用程度，进一步构建废旧资源综合利用产业链。实施绿色再制造和回收利用工程，完善再生资源回收、加工、利用循环体系。重点推进废旧家电、废旧轮胎、废

塑料、废纸、包装物、废弃木制品、废弃油品回收利用的产业化进程。

③城镇生活垃圾及农林废弃物综合利用。积极推进城镇生活垃圾的综合处理，大力推广垃圾焚烧发电、堆肥等综合利用技术；推广建筑垃圾的重复使用、再生利用和无害化利用。重点发展农业废弃物、农产品加工副产品、次小薪材等资源化利用；发展木基复合材料和代木产品，综合利用废弃资源，开发利用生物质能源。鼓励废旧木材及废旧木制品的回收再利用。发展木材改性、防腐、抗虫和阻燃技术，推进其产业化。结合当地种植养殖业现状，合理选择并推广应用成型燃烧、气化、工业利用等秸秆综合利用技术，逐步提高秸秆综合利用效益。

同时，推进农村污染防治，加强生态保护。以农村饮用水源保护和生活污水、垃圾、土壤污染治理为重点，因地制宜开发建设运行成本低廉、管理简便的污染治理技术和设备；通过不同类型的典型工程示范，加快推进农村污染治理和环境综合整治的进程。以自然生态系统保护、资源开发的生态恢复、自然保护区建设、重大生态保护技术开发与应用为重点，加大生态功能区保护、流域治理、植被恢复、生态恢复与土地复垦、生物多样性和生物安全支撑等领域的技术开发力度。

2. 产业布局

科学规划，合理布局，促进环保产业集聚发展。即：围绕一个发展目标，打造两大产业链，构筑三个产业基地，培育十大产业园区，实施一批重点项目。

围绕一个发展目标。做大做强环保产业，促进结构调整和产业升级，推动陕西经济又好又快发展。

打造两大产业链。一是以烟气脱硫脱硝、垃圾资源化利用、污水处理及再生利用、工业废水处理及循环利用、清洁生产装备，污染防治装备控制仪器，在线环境监测设备等为主的环保装备及材料产业链；二是以环保技术研发、咨询和信息服务、环保工程、设施建设运营等为主的环保服务产业链。

构筑三个产业基地。关中地区结合产业结构调整和渭河流域治理，重点发展节能环保装备制造、环境监测仪器仪表和新型环保材料与药剂，构建研发、设计、咨询和信息服务平台。陕北围绕能源化工基地建设，重点发展化工废气处理、能量回收设备及污水处理设备制造，构建环境污染治理监测和专业化环保设施运营服务平台。陕南围绕资源合理开发和生态保护，发展矿产尾矿等废渣的综合利用，构建专业环境工程承包和物流服务平台。

培育十大产业园区。依托现有重点工业园区，在工业固体废渣排放量大、环保装备生产企业聚集、城市垃圾处理设施周边等地区建立环保产业园区或示范基地，重点培育十大环保产业园区，大力发展环保技术研发、咨询和监测，环保工程设计及总承包以及污染防治设施运营等环保服务业，推动环保产业的规范化、规模化、集群化发展。

西安大气污染防治产业园。依托西矿环保、西安华江等企业，充分发挥西安科技和装备制造优势，发展冶金、炼焦烟气脱硫脱硝、除尘和工业有机废气及机动车尾气净化技术与设备，推进无污染炼焦技术除尘设备、在线监测仪器研发和产业化。

西安经开区节能及水处理产业园。依托陕西兰环等企业，发展节能装备、原水净化及软化设备、综合污水处理设备及成套污水处理工程设计施工，建设西部节能环保装备研发制造基地。

渭南高新区环保综合装备制造产业园。依托陕西紫兆环保、洲际环发等企业的自主研发能力，以及中冶陕压等装备制造企业的加工生产能力，建设综合垃圾资源化标准处理厂。

宝鸡高新区节能锅炉与固废综合利用示范产业园。依托海浪锅炉等企业，加快整合省内相关资源，推进高效节能锅炉产业化进程，拓展产品领域，积极发展生物除臭剂等环保材料和固废综合利用装备。

咸阳废旧物品回收及综合利用产业园。依托现有再生资源回收体系，重点发展报废汽车、电子垃圾处理及综合利用设备制造，大力发展汽车零部件再制造和废旧资源加工利用，建设废旧轮胎、废润滑油、废塑料等再生资源加工利用产业化示范基地。

临潼能量回收与水污染处理示范产业园。依托陕鼓集团等龙头企业，利用陕西省污水处理与资源化工程技术研究中心技术平台，研究开发清洁技术、能量回收技术、污水处理及资源化利用技术。

阎良垃圾资源化处理示范产业园。依托阎良朝凤等企业，加快产品研发和中试基地建设，建设垃圾资源化处理设备示范基地，尽快实现标准化生产，推进垃圾资源化处理设备产业化。

榆神能源化工环保产业园。引进省内外大型环保企业，结合陕北能源基地重大化工项目建设，发展水处理设备、除尘设备以及能量回收装置。加快发展煤层气开发技术及应用。加强冶炼烟气粉尘的资源回收利用，提高油田及中低品位铝土矿的资源利用率。

铜川资源综合利用产业园。依托现有产业配套基础，引进省内外大型环保企业，积极发展污染防治和再生资源加工利用设备，提高矿产资源综合利用率和资源开发效益，实施节能工程和重点领域资源综合利用工程，建设新型非金属产品研究和开发基地。

商丹新型材料循环经济产业园。加强复杂难处理共生矿资源选冶、提取与分离技术的研究，加强资源综合利用技术研究，合理回收利用残矿资源，充分消纳选矿尾砂及其他固体废弃物。综合利用农林废弃资源开发生物质能源，提高秸秆综合利用率。

实施一批重点项目。推进拉动作用大、经济效益高、技术水平先进、改善环境效果显著的一批重大项目建设。加快推进前期项目的准备工作，及时协调解决项目建设中的具体困难和问题，确保项目顺利建设投产、及早达产达效，形成新的经济增长点，支撑全省环保产业做大做强。

3. 政策措施

（1）加强组织领导。建立由省发展改革委牵头，省环保厅、工业和信息化厅、省科技厅等部门参加的省环保产业发展联席会议制度。联席会议主要负责开展政策调研、组织技术推广、开展国际交流合作和有关咨询；指导环保产业相关政策的实施；指导制定我省中介机构和专家认定标准；建立我省环保产业专家库，组织专家评审，并对中省单位鼓励发展的环保产业项目予以支持；组织全省环保产业发展工作的宣传、培训等。环保产业发展中的有关重大问题，由省政府协调解决。

（2）强化政策扶持。全面落实国家已出台的支持环保产业发展的企业所得税减免、固定资产加速折旧、研发费用加计扣除或摊销等优惠政策，营造和巩固我省环保产业发展的政策环境。开展市政债发行试点，允许环保企业以特许经营权等为标的进行抵押贷款；探索设立环保信托投资公司；对于缴纳土地使用税确有困难的环保装备制造龙头企业予以减免税收。进一步落实好脱硫电价、垃圾生物质发电政策。及时制定环保产业鼓励投资指导目录，推进环保产业聚集区建设。

（3）加大资金支持。加大产业发展引导资金、装备制造业发展专项资金、"13115"科技创新工程专项资金等省级专项资金对环保产业的支持力度，视财政增收情况适时设立环保产业发展专项资金，支持企业研发和经营模式创新。

通过政府投资参股、对环保装备制造项目给予贴息等形式，帮助企业完成产品研发和设施运营。对科研开发力度大、科技创新投资多的重点企业，以及环保产业重大技术攻关课题、产生重大经济社会效益的环保装备产品和技术予以重点支持。对购买国产首台（套）重大环保技术装备的用户，待条件成熟时可从环保产业发展专项资金中，按照实际购买价格的 3% ~5% 给予奖励。鼓励符合条件的环保企业通过发行股票、企业债券、短期融资券、中期票据等方式筹集资金。鼓励创业投资、风险投资、城建投资等资金加大对环保产业的投入。

（4）提高创新能力。依托新组建的陕西循环经济工程技术院，加大循环经济原创性科技成果转化和实用性工艺技术集成创新，创建循环经济平台。重视环保产业新技术、新工艺、新产品、新材料研究，加强科研与生产的联合、协作。开展多层次、多形式的国际经济技术合作和交流，通过引进、消化、吸收、综合集成和应用开发，形成具有自主知识产权的核心技术和主导产品。制定鼓励科研人员到企业从事技术研发的政策，鼓励企业加大对环保科研开发的资金投入。建立健全环保技术、产品推广及技术转让网络，加快先进、成熟技术的推广应用。加强重点实验室和工程技术中心的建设，充分发挥其在科技成果转化中的作用。在重点领域内组织实施关键技术和装备国产化示范工程。

（5）建设服务平台。建立环保项目及政策的专项信息平台，及时向企业提供政策导向资料、项目建设与产业发展信息；组织相关企业参与环保技术及项目推介活动；促进设备制造企业和用户、金融机构的信息交流。充分发挥省环保协会、节能协会等中介组织的桥梁和纽带作用，委托其开展政策调研、组织技术推广、开展交流合作及有关咨询工作。加强环保产业的行业管理和行业自律，强化企业和政府之间的合作与沟通。

（6）广泛开展合作。坚持对外开放的方针，积极搭建招商引资平台，创新招商模式，承接产业转移；开展多层次、多形式的国际经济技术合作和交流，引进国外先进的污染防治技术和高效低耗的治理装备；积极参加国外环境治理工程和生态保护工程招标，努力开拓国际市场；承接国外、境外各类技术咨询、工程设计和施工任务，大力扩展环保装备出口和劳务输出。

（7）优化发展环境。加强环保市场的监督管理，营造公平、公正、公开的竞争环境和健康发展的市场环境。建立市场新机制，促进环保设施运营的产业化和市场化。鼓励企业参与城市环境基础设施建设与经营，采用 BOT（建设—经营—移交）、TOT（移交—经营—移交）等特许经营模式建设和经营环保产品。提高排污收费率，增加企业的污染成本，用经济手段调节污染企业的排污强度。建立和完善环保市场管理体系，推动环境污染治理市场的良性循环，增强环保企业的经济驱动力。加强环保知识宣传，开展系列科普教育活动，在全社会倡导环保意识，把环保理念贯穿到生产生活全过程，形成有利于环保产业发展的体制和政策环境。

各地、各部门要针对环保产业发展特点和市场状况，完善规划实施机制，加强对规划实施的动态监测和分析评估，确保取得实效。要加强对环保产业的数据统计和信息分析，把握规律，及时发布产业供求信息，加大协调服务力度，确保我省环保产业实现快速发展。

七、广西省节能产业与环保产业振兴规划[①]

1. 规划目标

从 2009 年到 2020 年，经过 10 年左右的努力，推动我区节能产业与环保产业快速发展，产业结构和技术水平显著提升，相关产业链形成配套并优化，培育形成一批领军企业集团，节能产业与环保产业产值占全区生产总值比重大幅度提高。

到 2012 年，初步形成产业特色突出、节能环保技术和服务业基本配套的产业体系雏形；形成 10 家以上年产值超 10 亿元企业，在节能和环保装备产品、服务两个领域分别形成 2～3 家年产值 1 亿元以上、具有核心竞争能力的公司和企业集团；节能产业与环保产业产值达到 500 亿元，年均增长率 25% 以上。

到 2015 年，扶持和培育一批以资源综合利用为主导的重点节能环保优势企业，形成行业的主导力量；培育壮大 5 家以上产值超 20 亿元的节能环保龙头企业，形成 20 家以上产值超亿元的领军企业，引领整个产业加快发展。产业年产值达到 800 亿元，年均增长率 18%。

到 2020 年，形成一批产业和产品体系比较完备、拥有自主知识产权和创新技术产品、可持续发展能力明显增强、跨入国内同行业先进水平的节能产业与环保产业集群。节能产业与环保产业年产值达到 2000 亿元，年均增长率 18% 左右。

2. 重点领域和主要任务

（1）节能产业。

---

① 资料来源：《广西"十二五"环保产业发展规划》。

①清洁能源和可再生能源。

a. 清洁能源。重点在核电、洁净煤技术应用及地热能开发利用等领域推进项目建设和技术应用。全力推进防城港红沙核电、平南白沙核电项目建设，并以项目建设为依托，因地制宜发展核电配套装备制造业；积极推广和拓展以水煤浆为代表的洁净煤技术应用，并带动水煤浆锅炉及配套设备产业发展。

b. 可再生能源。加快研制生产生物质直燃锅炉、生物液体燃料生产成套装备等，优化发展非粮生物能源产业；积极发展农村新能源，重点推进沼气、太阳能利用和农作物秸秆等可再生能源开发利用，加快沼气系统和配套部件制造业发展；以建筑领域为重点，大力推广地源热泵和太阳能建筑一体化技术，开发生产和应用热泵产品并形成产业。

②节能技术和产品。

a. 工业节能产业。重点引进开发冶金、化工、建材、交通运输等主要高耗能行业的节能技术与新工艺、能源综合利用技术并推广应用，加快发展节能锅炉制造、LED 半导体照明光电子产品等电力电子节能产品生产等；研制和生产混合动力、燃料电池等新能源汽车。

b. 建筑节能技术与节能建材开发。研究开发和推广新型建材和建筑节能综合技术，推进矿渣、粉煤灰等各种废弃物回收利用制备绿色环保建材和高性能混凝土等技术应用，形成我区新型建材产业，满足建筑节能的需求。

（2）资源综合利用和再生资源利用。

大力推进尾矿、废石以及冶炼渣综合利用，加强共生、伴生矿的开发利用，提高资源综合利用水平，开发有色金属再生资源，提高有色金属再生利用率和集约化水平；重点建设制糖工业生态链系统，促进甘蔗制糖向精制糖、食糖深加工及生产低聚糖、酵母、赖氨酸等生物工程产品延伸，形成新型制糖产业、蔗渣与纤维板产业、副产品生物加工和深加工产业等相互关联的新兴产业群；加快发展利用化工、钢渣及有色冶炼渣等工业废渣和建筑垃圾生产建材等产品的技术和产业。大力发展废电线电缆、报废汽车、废有色金属、废油等再生资源回收利用以及废旧电子产品处置产业。推进农业废弃资源回收综合利用。重点建设一批资源综合利用循环经济型的企业集团和生态工业园区、再生资源加工基地等。

（3）节能和环保装备制造。

①节能装备制造。重点开发高频无极灯、节能型 LED 照明灯等绿色照明产品的生产装备制造，鼓励和支持汽车新能源装备和配套设备的制造。

②清洁能源装备制造。优化发展风力发电机组成套装备制造、太阳能应用关键技术元器件及产业化、地热能采集与应用专用成套设备制造等清洁能源利用设备生产。

③节能和清洁生产配套设备。重点发展制糖、冶金、化工、轻工、有色、食品等重点行业的清洁生产配套设备，包括节能节水工艺设备，再生水回用和循环利用配套设备等。

④污染防治设备和装备制造。重点开发城市生活污水和制浆造纸、淀粉、酿造、化工等工业废水以及养殖业废水处理净化成套装备与设备、污水生物及生态处理组合技术装备、垃圾渗滤液无害化处理装备、市政污泥资源化及成套装备。积极研制烟气高效除尘、脱硫、脱硝等成套装备以及高效洁净催化燃烧和循环流化床锅炉、高效电除尘器、高温高滤速袋式除尘器及其高效清灰装置等设备。发展垃圾卫生填埋、垃圾焚烧技术和成套设备以及垃圾收集、分选、预处理技术和装备。研制完善大型垃圾堆肥和简易堆肥技术及成套设备。

⑤资源综合利用设备。重点发展高炉水淬渣、钢渣、冶炼渣、硫铁矿烧渣、脱硫石膏、粉煤灰综合利用技术和设备。发展先进的余热回收利用技术和装备。

⑥节能检测和环境监测设备。积极研发节能和环境测控设备；开发生产锅炉热效率在线监控系统、电机监护系统等先进控制设备，提高企业自动化控制水平，满足节能监督监察的需要；研发与制造在线式及便携式水质监测仪器、汽车尾气监测仪、固定污染源在线监测远程监控系统及设备等。

（4）节能与环保服务业。

完善节能环保产业服务体系建设。培育有特色、高水平的咨询、设计、审计、评估、检测、诊断、培训等专业服务机构，大力推广合同能源管理、能源需求管理、节能自愿协议等节能减排新机制；重点发展环境工程总承包服务，包括融资、设计、设备成套、安装、调试和专业化运行服务；推进节能环保中介服务机构建设，发展节能环保技术服务以及环境影响评价、清洁生产技术、环境监测等咨询服务。

（5）环保技术研发及应用。

①水污染防治技术。重点开发城市生活污水和工业、养殖废水处理技术和成套设备、废水再生循环回用技术研发及工程应用。开展难生物降解和高浓度有机废水治理技术攻关研究。

②大气污染防治技术。重点支持发展大型火电厂及大型工业锅炉烟气脱硫

脱硝关键技术、高效除尘技术及装备的研发，促进大型脱硫脱硝工艺和装备国产化，推广应用高效袋式除尘器及电袋复合除尘器。

③固体废物处理与处置。开发各种危险废物无害化处理处置技术与装备，建设营运好广西危险废物处置中心及若干工业固体废弃物处理中心。在南宁等重点城市推广应用城市生活垃圾焚烧发电技术，加快生活垃圾炉排焚烧炉、余热锅炉、汽轮机和高效垃圾焚烧尾气处理设备的研制和产业化，鼓励低投资、高效率、低运行费用的垃圾焚烧烟气处理技术的研发和应用。

3. 发展布局与重点工程项目

（1）发展布局。

根据现有产业基础、科技研发力量、人才资源优势、产业链配套能力等，统筹规划、合理布局、因地制宜发展我区节能产业与环保产业。通过各领域产业及企业的合理布局，为节能产业与环保产业及企业成长营造良好的条件和外部环境，形成各有分工侧重、相互协作、良性发展的空间格局。

①依托技术、资金、人才等要素相对密集的优势，推进形成以南宁市为中心的节能和环保技术研发、节能产品开发、节能环保服务和洁净产品设计生产的复合型产业集群，将南宁市打造成为节能环保技术研发和产品生产基地。

②在河池市、百色市等资源丰富的区域布局资源综合利用产业，依托重点企业带动一批具有地方特色的资源综合利用企业发展。

③依托沿海及沿江口岸优势，在沿海和沿江城市区域相对集中布局再生资源回收利用产业。

④发挥柳州市工业基础较好和装备制造业相对雄厚的优势，以柳州为中心布局节能环保装备产业集群和成套设备生产基地。

⑤以桂林市为中心的区域，重点布局节能环保监测仪器、特色洁净产品研发及生产制造业。

⑥支持清洁能源技术研发及其产品装备开发，引导产业集聚，将北海市、防城港市等沿海城市打造成为清洁能源及其设备基地。

（2）重点工程项目。

围绕我区节能产业与环保产业振兴的目标和主要任务，规划期内在清洁能源和可再生能源、节能产业及产品、污染防治、节能和环保装备制造业、固体废弃物处理设备、节能与环保服务业和资源节约与综合利用等重点领域着力推进一批重点工程项目建设。重点集成项目28项，估算总投资581亿元。

4. 政策措施

（1）加强节能产业与环保产业发展的规划引导。

按照"引导、规范、培育、监督、服务"的职责定位，发挥各级政府引导作用，把节能产业与环保产业列为国民经济发展的重要战略支撑产业，纳入国民经济的整体发展战略，科学制订产业振兴规划和实施方案，作为优先发展的新兴产业加以扶持。

（2）建立健全法规标准体系与市场管理机制。

建立统一的节能产业与环保产业管理体系，积极开展节能产业与环保产业技术标准研究制定，加强行业监督和市场规范，消除地方保护和行业壁垒。积极推进形成统一开放、公开、公平、公正、竞争有序的节能产业与环保产业市场体系。

（3）积极培育发展节能产业与环保产业市场。

严格节能和环保执法，督促企业依法加大节能和环保投入，扩大市场需求，加速促进节能产业与环保产业市场发展，激发节能和环保市场的活力。

（4）制定落实节能产业与环保产业振兴的具体措施。

切实增加对公共服务领域的资金投入，建立有效推进企业节能和保护环境的激励政策和约束机制，建立多元化投入机制，加大产业投资力度，引导社会资本进入节能和环境保护建设领域，推动节能环保项目的社会化、市场化运作。

（5）构建大中小企业协调发展的良好格局。

优化节能环保企业组织结构，实现节能产业与环保产业规模化、集约化、专业化经营。积极实施大企业和企业集团发展战略，形成一批拥有自主知识产权、核心能力强的大企业大集团，提高规模效益和市场竞争力。积极引导中小型节能环保企业向专业化方向发展，提供专业化配套服务。形成产业内适度集中，企业间充分竞争，以大企业为主导、中小企业协调发展的格局。

（6）鼓励支持企业扩大开放合作。

争取引进更多高层次、高水平的节能环保合作项目、资金和先进技术，增强我区节能产业与环保产业竞争力。扶持我区节能和环保技术、产品走向国际市场，积极开拓区外、东南亚及其他发展中国家和地区的节能产业与环保产业市场。

参考文献

第一章

[1] 杨文生. 环保产业发展研究. 武汉：华中农业大学，2005.

[2] 任赟. 我国环保产业发展研究. 长春：吉林大学，2009.

[3] 王莹. 武汉市环保产业发展研究. 武汉：中国地质大学，2005.

[4] 程海云，姜书华. 我国环保产业的内涵与发展对策. 黑龙江科技信息，2008（9）.

第二章

[5] 黄益宗，郝晓伟，雷鸣，等. 重金属污染土壤修复技术及其修复实践. 农业环境科学学报，2013（3）.

[6] 周启星. 土壤环境污染化学与化学修复研究最新进展. 环境化学，2006（5）.

[7] 樊霆，叶文玲，陈海燕，等. 农田土壤重金属污染状况及修复技术研究. 生态环境学报，2013，22（10）.

[8] 王颖春. 节能环保产业规划重点扶持六大领域. 中国证券报，2010 – 11 – 23.

[9] 黄振中. 中国大气污染防治技术综述. 世界科技研究与发展，2004（4）.

[10] 聂永有，陈多友. 珠江三角洲地区静脉产业发展探索. SOUTH CHINA REVIEW，2008（12）.

[11] 李世娟. 污水处理工艺简介. 北京水利，2004（4）.

[12] 华玉宝. 简析我国城市垃圾处理的产业发展. 民营科技，2010（5）.

第三章

[13] 张长江. 发达国家：环保产业进入成熟期. 宁波经济，2009（2）.

[14] 王莉，赵庚科. 发达国家环境产业政策对我国的启示. 人文杂志，2007（2）.

[15] 韩清洁. 发展我国静脉产业的政策建议. 中国科技投资，2010（4）.

[16] 武普照，刘萍. 促进环保产业发展的政策选择. 山东财政学院学报，2008（2）.

[17] 任赟. 环保产业对国民经济的影响. 商业文化，2008（11）.

第四章

[18] 任赟. 我国环保产业发展研究. 长春：吉林大学，2009.

［19］招商证券研究所. 环保行业：迈入黄金发展期. 证券导刊，2011.

［20］武普照，刘萍. 促进环保产业发展的政策选择. 山东财政学院学报，2008（2）.

［21］滕静，李宝娟. "十一五"期间我国环保产业市场发展状况. 中国环保产业，2010（3）.

第五章

［22］胡光华. 广东环保产业现状研究——基于 SCP 架构分析. 广州：暨南大学出版社，2008.

［23］王刚，解贺林. 发展环保产业，建设绿色广东——广东省环保产业的发展现状分析及建议. 特别关注，2007（9）.

［24］邢志强，金世哲. 关于发展节能环保产业的几点思考. 应用能源技术，2010（10）.

［25］彭国华. 珠三角地区欲成为中国节能环保产业核心. 南方日报，2010 - 11 - 11.

［26］苏稻香，彭国华，景小华. 节能环保产业中国蛋糕超万，广东：工业先锋变低碳试点. 南方日报，2011 - 11 - 10.

［27］林仪，余家明. 广东政协吁加快环保业发展速度. 人民政协报，2010 - 11 - 02.

［28］广东省经济和信息化委员会，广东省发展和改革委员会. 广东省"十二五"节能环保产业发展规划（2011 - 2015 年），2011 - 11 - 04.

［29］北京市发展和改革委员会，北京市科学技术委员会，北京市经济和信息化委员会. 北京市节能环保产业发展规划（2013 - 2015 年），2013 - 08 - 04.

［30］上海市经信委. 上海市节能环保产业发展"十二五"规划，2012 - 12 - 27.

［31］山西省经信委. 加快推进工业节能环保产业发展行动方案，2014 - 01 - 17.

［32］贵州省发展和改革委员. 贵州省"十二五"节能环保产业发展规划，2012 - 12 - 11.

［33］陕西省人民政府. 陕西省环保产业发展规划，201 - 05 - 05.

［34］广西省人民政府. 广西节能产业与环保产业振兴规划，2009 - 12 - 25.